高校生が感動した
微分・積分の授業

山本俊郎
Yamamoto Toshiro

PHP新書

まえがき

　予備校で大学受験生や高校生に数学を教えていると、数学は嫌いではないのに試験になると成績が悪い人と、高校の数学的な考え方に慣れなくて勉強の仕方に戸惑っている人がとても多いことに気づきます。そんな悩みを抱えている人の多くが中学のときは数学が得意であったり、またとても真面目な人であったりします。

　中学の数学はわからないものをxとおいて式を立てていけば、あとは1次方程式か2次方程式を解く話になっているので、因数分解や方程式・不等式の解法、1次関数と2次関数の基本的な性質がわかっていれば、因数分解を皆さんがマスターしたときのように、パターン化されたものを真面目に練習する努力がそのまま成績として現れてくれるのです。

　高校の数学は1年生の前半ぐらいまではそのような勉強の継続なのですが、扱う関数が2次関数だけでなく、3次や4次の高次関数であったり、分数関数や無理関数、さらに三角関数・指数関数・対数関数といったとてもなじみにくい関数が現れてきたりします。

　微分と積分はそれらの関数が複雑に入り組んだ関数に対しての考察の学問で、高校数学の最終目標の一つでもあります。

　数学Ⅱで扱う微分と積分は3次関数までに限定され

るので、微分計算と積分計算の基本的なテクニックを学べばあまり難しさは感じませんが、
「微分と積分の計算はわかりますが、微分すればどうしてグラフが描けるのですか」
「なぜ与えられた関数を積分計算すると面積を求めることができるんですか」
という根本的な質問を持つ人がたくさんいます。

　先ほど数学は嫌いではないのに試験になると成績が悪い人と、高校の数学的な考え方に慣れなくて勉強の仕方に戸惑っている真面目な人たちが多いとお話ししたのは、実は高校数学の持っている二面性に原因があるのだろうと思います。一つは三角関数などに表れる様々な公式や式変形のパターンの複雑化で、それを上手に整理できないと、数学は嫌いではないのに定期試験で努力が報われず、しだいに数学に苦手意識を持ってしまうのです。

　もう一つは微分積分のように、機械的に計算ができても、概念自体が高度化していることで、その考え方についていけなかったり、数学への興味が薄れていったりするのです。

　今回、私の予備校での授業をもとに微積分の入門書を書くことになり、私の頭にあったのは、数学は嫌いではないのに結果が伴わなかったり、微積分の考え方自体に戸惑っていたりする人への入門書でありたいということでした。それは高校生に限らず、社会人で再

まえがき

び微積分を学ばなければならなくなった人や、改めて高校の数学を学んでみたいと思われた大人の方の知的興味を失わない入門書でもあります。そのために、
① 微分と積分がどうして必要になったのか
② 微分と積分を考える元の概念は何か
③ 三角関数はなぜ弧度法を用いる必要があるのか
　指数・対数関数に使われる e とは何か
④ 微分と積分との関係
などを類書にはない丁寧さで記述してみました。
　また、知識が机上の空論にならないよう、
⑤ 練習問題は教科書や入試問題から取り、計算力や微積に必要な変形も学べるようにする
という入門書としてはやや実践的な内容も含めてみました。これは高校の最終目標である微積分の本であるからこそ、みなさんに鉛筆をもってしっかりと手を動かすことが数学であることを実感してもらいたかったからでもあります。高校の微積分ではここに現れる計算量は普通のことであり、この計算を通してより一層微積分の理解が深まっていくのです。
　一度読んでわからないところも二度・三度と繰り返し読んでくだされば、必ずハッと気づく場面があります。そしてそれが数学を考える魅力でもあるのです。一人でも多くの方がこの本をきっかけに数学の魅力を知ってくださることを願っています。

『高校生が感動した微分・積分の授業』目次

まえがき ……………………………………………………………… 3

序章　微積分学を学ぶために

1. 微分積分を考える根底 ……………………………………… 10
   - (1) 円周率と細分化の発想 ……………………………… 10
   - (2) 細分化による接線の役割 …………………………… 23
   - (3) さまざまな作図 ……………………………………… 25
   - (4) 面積と細分化の発想 ………………………………… 27
   - (5) 古代ギリシャ数学からの脱却 ……………………… 32
2. 微分積分の黎明期 …………………………………………… 38
   - (1) 変化と運動の研究 …………………………………… 38
   - (2) 関数と極限、そして微分と積分へ ………………… 42

第1章　微分

1. 基本的な関数の形 …………………………………………… 46
   - (1) 直線の式と平行移動 ………………………………… 46
   - (2) 直線の式を求めるには ……………………………… 55
   - (3) 放物線の式 …………………………………………… 61
   - (4) 放物線 $y=ax^2+bx+c$ の考察 …………………… 66
2. 極限の考え方 ………………………………………………… 75
   - (1) 極限の定義 …………………………………………… 77
   - (2) $x \to a$ の極限を求める …………………………… 86
   - (3) $x \to \infty$ ではどうなるか ……………………… 98

3. 微分係数と導関数 ……………………………………………… 108
  (1) 微分係数とは何か ………………………………………… 108
  (2) 導関数とは何か …………………………………………… 118
  (3) 接線から曲線を推定する ………………………………… 124
4. 導関数を求める(微分する)テクニック ……………………… 127
  (1) 公式を導く ………………………………………………… 127
  (2) 合成関数の微分 …………………………………………… 138
  (3) いろいろな関数を微分してみよう ……………………… 151
5. 三角関数と微分 ………………………………………………… 156
  (1) 三角関数とは何か ………………………………………… 156
  (2) 弧度法の導入 ……………………………………………… 161
  (3) $\tan\theta$ の微分 …………………………………………… 180
  (4) 入試問題に挑戦 …………………………………………… 182
6. 指数・対数関数と微分 ………………………………………… 186
  (1) 指数関数・対数関数の復習から ………………………… 187
  (2) e とはどんな役割をする数か …………………………… 191
  (3) 定数 e の値 ………………………………………………… 195
  (4) 対数関数の微分 …………………………………………… 203
7. 増減表と凹凸表 ………………………………………………… 211
  (1) 関数の増加と減少 ………………………………………… 212
  (2) 上に凸、下に凸 …………………………………………… 219

第2章　積分

1. 微分と積分の関係 ……………………………………………… 236
　(1) 不定積分とはなにか ………………………………………… 236
　(2) 面積と微分・積分の関わり ………………………………… 240
2. 定積分の意味 …………………………………………………… 248
　(1) 定積分の計算規則 …………………………………………… 248
　(2) 面積と定積分の関わり ……………………………………… 252
　(3) もう一つの面積と積分の関係 ……………………………… 255
　(4) もう一つの定積分の定義 …………………………………… 262
3. 定積分の基本計算 ……………………………………………… 269
　(1) いろいろな関数を積分してみよう ………………………… 269
　(2) 積分のテクニックpart1「部分積分」……………………… 274
　(3) 積分のテクニックpart2「置換積分」……………………… 277
4. 微分と積分の応用として面積を求める ……………………… 294
5. 積分の応用として体積を求める ……………………………… 304

第3章　微分と積分は未来の予測

1. 微分方程式 ……………………………………………………… 318
　(1) 微分方程式とは何か ………………………………………… 318
　(2) 微分方程式を解いてみよう ………………………………… 322
2. 未来を予測しよう ……………………………………………… 326

〈原則一覧〉……………………………………………………………… 331

序章
微積分学を学ぶために

1．微分積分を考える根底

(1) 円周率と細分化の発想

2003年2月、東大の入学試験会場で数学の問題用紙を開いた瞬間、ほとんどの受験生は目を疑いました。

第6問「円周率が3.05より大きいことを証明せよ」

どうですか。みなさんもちょっとびっくりしますよね。

円周率が3.14であることは小学生でも知っていることですが、さていったいどこから手を付けたらよいかわかりますか。この問題は高校数学の数学Ⅱで教わる三角関数の加法定理（後述）を知っている人なら誰でも解くことができるのであとで解いてみることにします。（いきなり東大の問題を解くなんて……と思った君や乙女、大丈夫ですよ。ちゃんと全員わかりますから）

ところで昔の人は円周率をどうやって計算したんだ

ろうな。それを理解する前に少し数学の歴史を紐解いてみます。

古代エジプトの時代から支配者や一般の人々においても、土地はとても大切なものでした。その土地に作物が実れば民は飢えをしのぐことができ、住むのに適した場所があれば外敵から身を守ることができるだけでなく、その土地から金銀が取れれば支配者は豊かな富を得ることができます。土地をもつ者にとっては、自分が所有する土地を守ることは自分の生活を守ることでもあったのです。

自分の土地を主張するためには、ここからここまでと境界に印をつけるだけで済みますが、ナイル川が氾濫するたびに地形は大きく変わり、境界は移動したり消えたりしますから、どうしても普遍的な表現で土地を所有する必要がありますね。今の時代であれば衛星から正確な場所や境界をつかむことができますが、古代の人々にとってはここからここまでの範囲の土地、すなわち面積で自分の土地を主張しようと思ったはずです。だからこそ測量技術や現在の三角比のもとになる考え方が発達するのですが、最初に彼らが意識した図形は長方形と円であろうことは容易に推定できますね。人はまず、ここまでが自分のものだと境界を表すために直線を利用したはずですし、長方形や正方形は(図1)のように面積を比べるには最も適していますから。

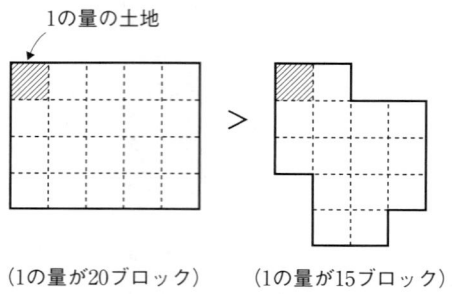

（図1）面積の比較

　また円は彼らが簡単に描ける最初の図形として最も身近に感じられたはずです（二人で紐をもって一人が立ち止まったまま、他の一人が紐をピンと張った状態で移動すれば円が描けるよね）。

　定規とコンパスだけを用いて図形を描いていくことを作図といいますが、定規とコンパスを使いこなすことで古代の人たちは次第に図形に対する研究を進めていきます。はるか大昔は勘に頼って家を建てていたものが、きちんとした測量に基づく建築の設計図を作成するようになり、ピラミッドのような想像を絶する建造物まで作り上げるのですから、当時の技術者たちの知識は素晴らしいですよね。

　古代エジプトから古代ギリシャに時が移ると、ピタ

ゴラスやユークリッドなどの賢人により、数に対する学問的研究や図形に対する体系的な整理が始まります。

有名なユークリッド幾何学が、ユークリッドが亡くなって2000年余りもヨーロッパの数学の教科書であり続けたことからも、古代ギリシャの賢人たちの知恵がいかに優れていたかがわかりますね。

その古代ギリシャでソフィスト（知恵あるもの）と呼ばれた賢人たちが現れます。当時は時の権力者による独裁政治から民主政に移り変わる頃でしたが、ペロポネソス戦争（BC431〜404）が起こると、民主政による民会のなかで演説にたけたものが次第に権力を握っていきます。民衆を扇動し意識を高揚させるための弁論術を教えるようにもなったソフィストたちは当時の知識人からの評判はかなり悪かったようで、アリストテレスやプラトンなどは彼らのことを「知を売る金儲け主義者」であると非難をしているのですが、そんなソフィストたちが熱心に研究していたのが三大作図問題でした。

三大作図問題

1. 与えられた立方体について、それの2倍の体積を持つ立方体を作図で求めよ。
2. 与えられた角について、その3等分線を作図で求めよ。

> 3. 与えられた円について、それと同じ面積を持つ正方形を作図で求めよ。

　この問題が当時の賢人たちにとって難しかったのは、作図というのが先ほどお話ししたように「目盛りのついていない定規」と「コンパス」のみを有限回使用するという条件がついていたためです。

　これらの三大作図問題が不可能であることは19世紀まで待たないと証明されないのですが、三大作図問題の1つ目と2つ目は本質的に3次方程式に絡めた代数学的な問題であったのに対し、

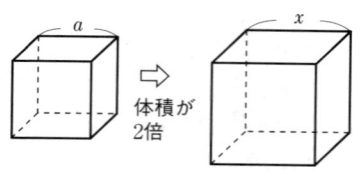

図のように1辺の長さをとると
$x^3 = 2a^3$
の3次方程式を考えることになりますね

(図2) 2つの立方体と3次方程式

　3つ目は円周率πに対する幾何学的な問題を含んでいました。

　さあ、ここでいよいよ冒頭の円周率が出てきましたね。円周率は古代エジプトの時代からすでに意識されていたと思われますが、正確な概念はなかったようです。円周は直径に比例することを相似な円の様子からつかんでいただけで、その比例定数πを初めて図形的

序　章　微積分学を学ぶために

考察から正確に計算したのは古代ギリシャの大数学者アルキメデス（BC287〜212）といわれています。

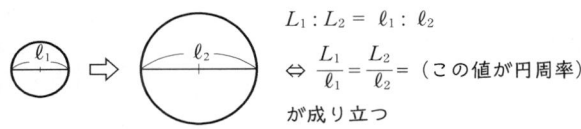

$L_1 : L_2 = \ell_1 : \ell_2$
$\Leftrightarrow \dfrac{L_1}{\ell_1} = \dfrac{L_2}{\ell_2} =$（この値が円周率）
が成り立つ

（円周L_1）　　　（円周L_2）
(図3) 2つの円と円周率の定義

　ちなみにこのアルキメデスという人は山本の好きな四大数学者の一人でもあるんですよ。せっかくここで登場してきたのでちょっとアルキメデスさんの逸話をお話しすると……。

　古代ギリシャの時代に燦然と輝くアルキメデスが生きた時代は、ローマとカルタゴが激しく地中海争奪を繰り広げていたまさに激動の時代でした。この地中海争奪戦の元になったのは、シラクサとメッサナという都市国家同士の小さな争いで、このときのシラクサの王様がヒエロン二世。といってもわかりませんよね。
　ほらっ、ある王様が金細工師に黄金の塊を渡して王冠を作らせるのですが、出来上がった王冠は黄金の一部がくすねられていて、銀が混ぜられているという噂がたったときに、アルキメデスに「王冠を傷つけずに使われていた金が純金かどうか調べよ」という難問

を出されたお話、聞いたことありませんか？　アルキメデスはこの難問に困り果てたということですが、自分が風呂に入ったとき湯があふれる様子からこれを解決したのでした。

　彼が発見したのは、容器に水を満たして物体をその容器に入れると、その物体の体積分だけ水があふれ、さらにあふれ出た水の容量の重さ分だけ物体の重さが軽くなるという事実。アルキメデスは王冠の重さと同じ重さの純金と純銀を準備し、これらを水につけてあふれ出る水の体積を比べることで、王冠に使われた金や銀の量を知ることができたのです。そしてこの難問を提供したのが先ほどのヒエロン二世。さて、地中海争奪のポエニ戦争で、シラクサはローマ軍に怒涛の攻撃を仕掛けられます。けれどもシラクサ市民の士気はいっこうに衰えない。どうしてかって？

　だってみなさん、シラクサには当時の大天才アルキメデスがいるんですよ。彼はてこの原理を応用して戦いを挑んだり、太陽光をうまく利用して鏡で敵の戦艦に火をつけたりと、シラクサを3年にわたって守り続けるのです。

　ローマの闘将マルケルスもこれにはなすすべがなく、「この幾何学の天才とは勝負できない」と尊敬したといわれています。

　さて話を戻しますね。いよいよここからが円周率、

序　章　微積分学を学ぶために

そして微分積分の概念への導入になりますからしっかりと聞いてください。

　円周率を初めて計算したのはアルキメデスだと言いましたが、アルキメデスはいったいどのようにして円周率を計算しようと思ったのでしょうか。実はこれが冒頭の東大の問題のヒントにもなっています。

　円周率というのは、直径に対する円周の比でしたよね。古代の人も円を描き、そこに紐を置いて円周を求め直径との比を計算していくと、円の大きさに関係なく一定値を取るというのは知っていたのですが、円周を正確な計算によって求めることはできませんでした。

　アルキメデスによる円周率πの計算方法は、正6角形➡正12角形➡……➡正96角形を作り、次第に円に近づけていくという方法でした。

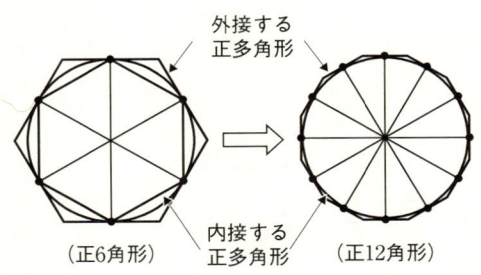

(図4) 円と正6角形、正12角形

アルキメデスは、(図4)のように円に内接する正6角形と円に外接する正6角形を作り、次は円に内接する正12角形と外接する正12角形を作る……というようにして、順に正96角形まで作っていくのです。

　円周率は円周を直径で割った値でしたから、円に近い正96角形を利用して(実際描いてみるとほとんど円と重なったように見えます)、円に内接している正96角形の周の長さを求めこれを直径で割ることにより、円周率の近似値を調べます(計算してみると約3.1408ぐらいになります)。また円に外接している正96角形の周の長さを求めこれを直径で割り円周率の近似値を調べたのです(今度は約3.1428になります)。
　すると

> 内接する正96角形の周の長さ ＜ 円周
> 　　　＜ 外接する正96角形の周の長さ

の関係が成り立ちますから、これを直径で割ってやると次のように

序　章　微積分学を学ぶために

> $$\frac{\text{内接する正96角形の周の長さ}}{\text{直径}} < \frac{\text{円周}}{\text{直径}}$$
> $$< \frac{\text{外接する正96角形の周の長さ}}{\text{直径}}$$

という関係が作れ、先ほどの結果から

　　　3.1408< 円周率 π <3.1428

を得ることができますね。

こうしてアルキメデスは円周率 π ≒ 3.14 の値を手にしていたのです。

それではここでアルキメデスの知恵を利用して、先ほどの東大の問題を実際に解いてみましょう。

必要な知識は高校2年で学ぶ三角関数、特に**加法定理**です。そこで三角関数の基本である三角比と加法定理について確認しておきます。

三角比というのは直角三角形における3辺の比の様子で下の直角三角形において、$\sin\theta$、$\cos\theta$、$\tan\theta$ を次のような辺の比で表していましたね。

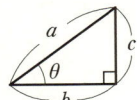
左図において辺の比を
$$\sin\theta = \frac{c}{a},\ \cos\theta = \frac{b}{a},\ \tan\theta = \frac{c}{b}$$
のように表すのでした

(図5) 三角比の定義図

これを用いると60°や45°を含む直角三角形の比から

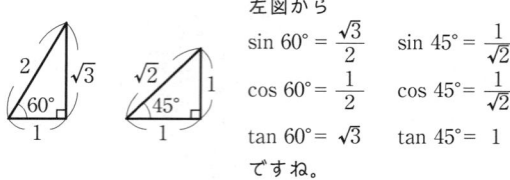

(図6) 特別な角と三角比の値

のような値が得られるのでした。

加法定理というのは

$$\sin(\alpha + \beta) = \sin\alpha\cos\beta + \cos\alpha\sin\beta$$
$$\cos(\alpha + \beta) = \cos\alpha\cos\beta - \sin\alpha\sin\beta$$

のようにsinやcosのあとにつく（$\alpha + \beta$）のかっこのはずし方についての公式でした。証明は数学的には重要なのですが、今は公式を使えれば十分なのでここでは省略します（ちなみに微積分では三角関数と指数・対数関数の知識が必要不可欠なので、数Ⅱを勉強されている高2生の皆さんはしっかりと正確に使えるようにしておくとよいですね）。

さて、これらを用いると東大の問題を次のように解くことができます。

序　章　微積分学を学ぶために

「円周率が3.05より大きいことを証明せよ。」

図のように半径1の円Cに内接する正12角形Sを考えます。
Sの一辺の長さをℓとすると、
右図の影をつけた三角形について

$$\sin 15° = \frac{\frac{1}{2}\ell}{1}$$

ですから
$$\ell = 2\sin 15° \cdots ①$$
が成り立ちますね。

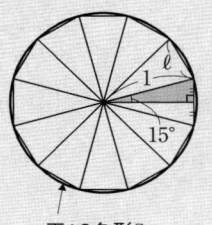

正12角形S

すると加法定理
$$\sin(\alpha - \beta) = \sin\alpha\cos\beta - \cos\alpha\sin\beta$$

において$\alpha = 60°$, $\beta = 45°$を代入すると

$$\sin(60° - 45°) = \sin 60°\cos 45° - \cos 60°\sin 45°$$

$$\therefore \sin 15° = \frac{\sqrt{3}}{2}\cdot\frac{\sqrt{2}}{2} - \frac{1}{2}\cdot\frac{\sqrt{2}}{2} \quad \Leftarrow \text{(図6)の値を代入}$$

$$= \frac{\sqrt{6}-\sqrt{2}}{4} \cdots ②$$

であることがわかりますから、これを①に代入して

$$\ell = 2\cdot\frac{\sqrt{6}-\sqrt{2}}{4} = \frac{\sqrt{6}-\sqrt{2}}{2} \cdots ①'$$

になりますね。

するとSの周の長さは
(Sの周の長さ)
$$= \ell \times 12$$
$$= \frac{\sqrt{6}-\sqrt{2}}{2} \times 12$$
$$= 6(\sqrt{6}-\sqrt{2}) \cdots ③$$
になります。

$$\frac{(\text{円周の長さ})}{(\text{直径の長さ})} = (\text{円周率}\pi) \cdots ④$$

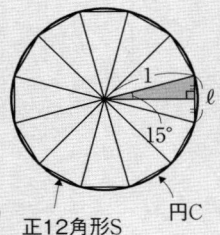

正12角形S　円C

ですから円Cの円周の長さは
 (円周の長さ) = (直径の長さ) × π
           = 2π …⑤
すると図から明らかに
 (円周の長さ) > (Sの周の長さ) …⑥
が成り立っていますから、⑥に③, ⑤の値を代入して

$$2\pi > 6(\sqrt{6}-\sqrt{2}) \quad \therefore \pi > 3(\sqrt{6}-\sqrt{2}) \quad \cdots ⑦$$

ここで
$\quad 2.44^2 = 5.9536 < 6 \quad \therefore 2.44 < \sqrt{6} \quad$ …⑧
$\quad 1.42^2 = 2.0164 > 2 \quad \therefore 1.42 > \sqrt{2} \quad$ …⑨

よって ⑨×(−1)を作ると $-\sqrt{2} > -1.42$ …⑨′

$$\begin{array}{r}\sqrt{6} > 2.44 \quad \cdots ⑧ \\ +)\ -\sqrt{2} > -1.42 \quad \cdots ⑨' \\ \hline \sqrt{6}-\sqrt{2} > 1.02 \end{array}$$

$\therefore 3(\sqrt{6}-\sqrt{2}) > 3.06$ …⑩

⑦、⑩より $\pi > 3(\sqrt{6}-\sqrt{2}) > 3.06 > 3.05$ となり、
$\quad \pi > 3.05$

が示されました。

序　章　微積分学を学ぶために

(2) 細分化による接線の役割

　先ほどの (図4) をもう一度見てみましょう。今度は円に外接する正多角形を意識してみてください。

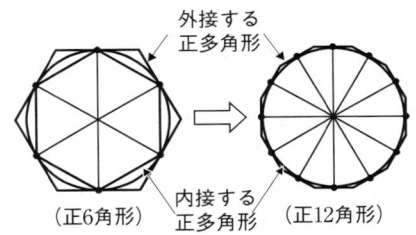

(図4) 外接する正6角形、正12角形

　すると、円に外接する正6角形や正12角形の各辺は円の接線とみることもできますね。

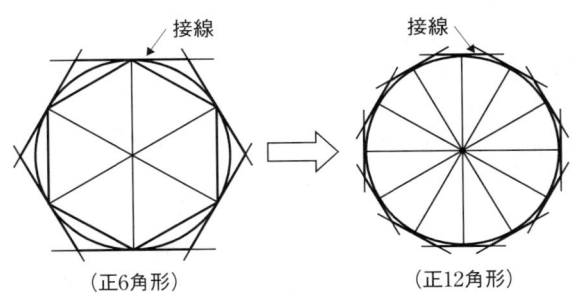

(図4) 外接する正6角形、正12角形

どうですか。円上の6点に引いた接線で囲む図形と、円上の12点に引いた接線で囲む図形を比べると、正12角形のほうが明らかに円に近づいています。さらに正24角形➡正48角形➡正96角形を描いていくと、描かれた正多角形はどんどん円に近づいていくことが予想できます。

　先ほど円周率を求めるために円に内接する正多角形や外接する正多角形を作って、円に正多角形で近づいていきましたが、視点を変えると、外接する正多角形を円に引いた接線の集合体と考えて、円上の点を等間隔に取り、そこに接線を引いていくことで正多角形が作られ、円周上の点を増やすことでその点における接線の数が増え、正多角形がどんどん円に近づいていきますね。

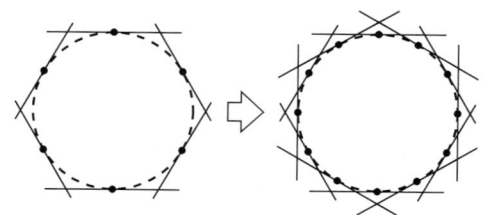

6点に接線を引くより、
12点に接線を引いた方が
接線で囲まれる図形は円に近づく

(図7) 円に引いた接線を集めた図

　このように、接線は円を近似していくのにとても有

効な役割を果たすことがわかりました。

(3)さまざまな作図

ところで、定規とコンパスだけを用いて図形を描いていくことを作図といいましたが、定規は与えられた2点を通る直線を引くために用い、コンパスは与えられた点を中心として必要な円を描くために用いますよね。さらにコンパスを使うことで等しい長さを測ったり、ある長さを別の場所に移したりすることもできます。

そこでちょっと古代の人たちにならって、いろいろな図形を作図してみましょうか。

まず2点 A、B が与えられて、この線分 AB（A と B が両端になるように結んだ直線のこと）の垂直二等分線を作図してみましょう。

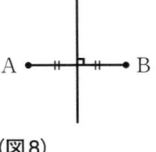
(図8)

これは次の2つの手順で作図することができます。
　①点 A、B を中心として、等しい半径の円を描き、その交点を C、D とする。
　②直線 CD を引く。

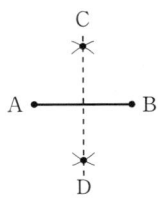
(図9)

今度は∠AOBの二等分線を作図してみましょうか。

これも次の3つの手順で作図することができます。

①角の頂点Oを中心として円を描き、角の2辺との交点をC、Dとする。
②C、Dを中心として等しい半径の円を描き、その交点をEとする。
③半直線（一方の端は止めてあり、他方には伸ばして描いた直線）OEを引く。

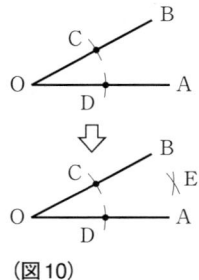

（図10）

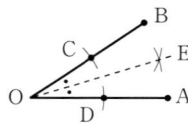

（図11）

さて今度は円に接線を引いてみましょう。手順は次の4つで描けますね。

①中心をOとする円を描き、Oを通る直線を引く。
②円と直線の交点をHとし、線分O′Hが線分OHと等しい長さをもつ点O′を直線上に取る。

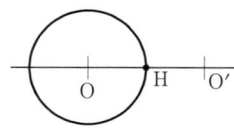

（図12）

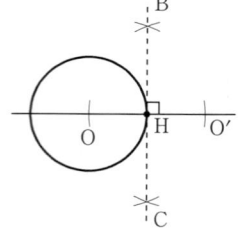

（図13）

26

③点O、O'を中心として等しい半径の円を描き、交点をB、Cとする。
　④直線BCを引く（これが接線）。

　このようにして、古代の人たちは定規とコンパスだけで様々な図形を作図していきます。円と接線が結びつくことで、円以外の曲線も接線を引いてその曲線を直線で近似できないかと考えるようになります。けれども定規とコンパスだけでは放物線程度の簡単な図形でも接線を引くことはできませんでした。しかしながら曲線を近似するには接線を利用することがよさそうだという発想が、のちの微分につながっていくのです。

(4) 面積と細分化の発想

　古代の人がある土地の面積を求めたいとき、それが長方形の土地であれば問題はありません。次のように基準の長方形（今は長さが1の正方形）の面積を決めておき、別の長方形の土地が基準の長方形の何倍あるかを考えればすぐにわかるからです。

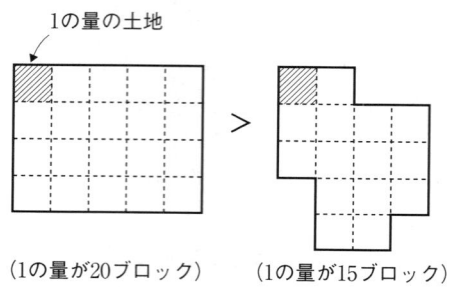

(図1) 面積の比較

　ではそれが円の面積であればどうやって求めることができるでしょうか。昔の人はそれを等積という考え方で求めました。

　ソフィストのお話をしたときに、三大作図問題というのがありましたね (p.13参照)。

三大作図問題

1. 与えられた立方体について、それの2倍の体積を持つ立方体を作図で求めよ。
2. 与えられた角について、その3等分線を作図で求めよ。
3. 与えられた円について、それと同じ面積を持つ正方形を作図で求めよ。

この3番目の問題

「与えられた円について、それと同じ面積を持つ正方形を作図で求めよ。」

というのが等積の例ですが、現実にはどうするかというと、円の土地をこれと等しい面積の長方形の土地に置き換えるために、昔の人は円を細分化することでこれを可能にしたのです。

（図14）のように円形の土地があれば、これを図のように細かく分けて並べ替えると長方形の土地に近似できますね。さらに円を細かく分ければ一層長方形の土地に近づいていきます。

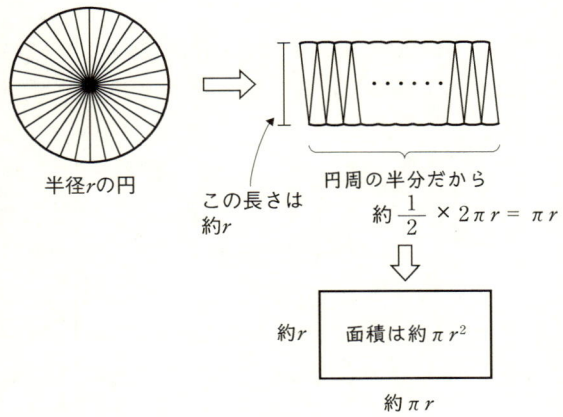

(図14) 円形の土地の細分化

またアルキメデスの方法を再現すれば円の面積はさ

らに正確に求めることができます。

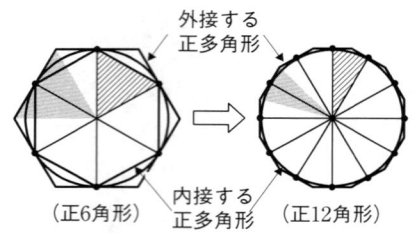

(図4) 2つの円と正6角形、正12角形

　円周率を求めたときの考え方を用いて、円に内接する正多角形と外接する正多角形を描き、三角形の面積を求めることで正多角形の面積がわかりますから、実際アルキメデスは正96角形まで面積計算をして円の面積の近似値を求めていました。

　では円でなく曲線で描かれた土地の面積はどのようにして求めればよいでしょう。考え方の一つとしては、(図15)のように曲線で描かれた土地も細分化して、長方形の集合体として考えることができますね。ただこのときは、長方形にする直線を上手に引かないと、精度の高い面積を得ることは難しくなりそうです。

序　章　微積分学を学ぶために

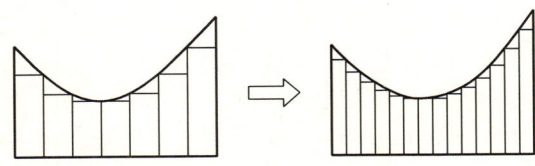

分割する長方形の幅を細分化すると
より元の曲線の面積に近づく

(図15) 曲線で描かれた図の細分化①

　もう少し上手に考えると (図16) のように、曲線で描かれた土地を細分化して、台形の集合体として捉えてみたらどうでしょう。この方が長方形を作るための直線を上手に引くより機械的に、しかもより求める面積に近い値が得られそうです。

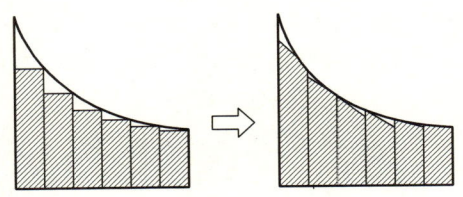

台形の土地に分割した方が
元の土地の面積に近い

(図16) 曲線で描かれた図の細分化②

　この方法は**アルキメデスの取りつくし法**と呼ばれています。

31

いずれにしても、細かく細分化した図形を集めることで必要な図形の面積の近似値を求めることができますよね。そしてこれがのちの積分の基本概念になるのです。

(5)古代ギリシャ数学からの脱却

「(1) 円周率と細分化」のところで、古代エジプト、古代ギリシャにおける数学の変遷をかんたんにお話ししてきましたが、ローマ時代に入るとそれまでの華やかな数学の発展は急激に止まってしまいます。

西ローマ帝国が崩壊してからは、数学や科学はまさに暗黒の時代に突入していき、ルネサンスに入ってやっと新しい数学の時代が来ることはほとんどの方がご存じですね。

ところで、古代や中世の人々にとって暮らしに直結する数学はどのようなものであったかを考えると、加減乗除の計算であったり、正確な地図や様々な建築技術に応用できた三角測量が中心だったことは見当がつきます。船乗りにとっても陸上の地図が頼りですから陸の目印がなくなる距離の航海はできなかったのです。いったん大海原に出てしまうと昼は全く自分の位置がわからなくなりますから、船乗りにとって唯一の

手がかりは当然星の動きや位置関係ということになります。つまり当時の人たちにとっては、我々が感じるよりもはるかに星、天体の動きは重要な役割を果たしていました。そのため三角測量をより学問化した三角法は、古代から中世までどんどん進化していきます。数学はある意味世の中が必要とする学問として変遷を遂げます。

さて15世紀半ばになると、天体の様子から大海原にあっても正確な位置を把握できるようになり、ヨーロッパの列強はこぞって世界に出ていきます。世にいう「大航海時代」に入るわけですが、当然のことながらより精度の高い地図の必要性もあって、天体観測と星の運行の様子は数学の重要な課題の一つとなります。

山本が好きな4大数学者の一人デカルトは、この時代に登場します。

フランスの数学者ルネ・デカルト（1596～1650）が提唱した座標幾何学（解析幾何学）はまさに当時の数学にとって救世主的な概念でした。

図形の問題を考えるためにそれを座標平面上に取り、直線や放物線、円などを方程式で表し、代数的計算で問題を考察していく手法は、今の私たちには当たり前のことですが、当時の人々にとってはこれこそが待ち望んでいた新しい数学だったのです。

座標幾何学の提唱により、今まで捉えることができなかった動点に対する追跡もできるようになります。放物線のような曲線であっても、その点の位置を、

$(x, y) = (1, 1), (2, 4), (3, 9) \cdots\cdots$

のように表現することで、それを座標平面上にプロット（図17）し、さらに細かい点をとれば限りなく精度の高い放物線を描くこともできますね。

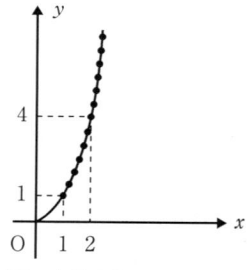

（図17）放物線の概形

天体の運行も座標軸上で研究できるようになり、それがさらに精度の高い地図を作り出し、世界中の様々な富や文化がヨーロッパに集約されるようになると、活版印刷術などの科学技術が、拍車をかけるように一層数学の発展に貢献します。

ティコ・ブラーエによる膨大な天体観測の結果を丁寧に検証した彼の弟子ヨハネス・ケプラーは、（地動説を唱えた）コペルニクスの

「火星が太陽の周りを円軌道で周回している」

という主張が、自分たちの観測データと合致しないことから、火星が楕円軌道を描くことを提唱します。これは当時の数学者としては画期的なことで、それまで

の数学者は円が完全なもので楕円は不完全なものであるという固定観念からどうしても抜け出せず、宇宙が不完全なものに支配されていることに納得がいかなかったのです。とはいっても実は楕円とは（図18）が示すように2つの焦点と言われる点からの距離の和が一定の位置を集めた軌跡で、太陽はその焦点の一つになっているので、昔の数学者たちがその事実を知れば楕円も完全なものの一つと考えたかもしれませんね。

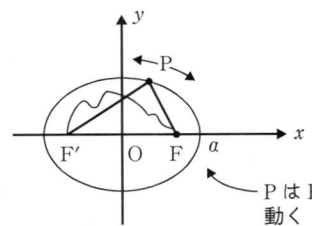

長さが $2a$ のひもの両端をF、F′の位置に固定して、P君がひもをピンと張った状態で動くと、P君の動いた軌跡は左図の楕円になります

Pは $PF+PF'=2a$ をみたして動く

(図18) 楕円の定義図と式

 さてこのように座標幾何学は動くものに対してとても有効でしたが、万有引力の法則もこの天体の動きの予測から生まれたものでした。天体の動きを座標上で精密に予測する際、ケプラーは火星が太陽との距離の2乗に反比例する力で太陽に引っ張られていることに気づいたようですが、それがニュートンによって万有引力の法則として解明されたからです。
 アイザック・ニュートン（1642～1727）はまさに時代が生んだ天才でもありました。ケプラーは膨大な観

測データを基に火星が一定期間に移動する面積を一つひとつ面倒な手計算で求めることにより、楕円軌道になることをつかみますが、ニュートンは曲線を考察する道具として曲線の接線を利用することを考えます。そう、ここで古代ギリシャの人々が考えた円の接線がニュートンの発想の原点だったのです。

たとえば（図19）のように2次関数は座標軸上に点をプロットして描いていくことができますね。

けれども各点における接線の様子がわかれば、その接線をいくつも描くことで正確な放物線にどんどん近似させていくことができます。

これはまさに円に接線を引いて円を近似した方法と同一の手法ですね。

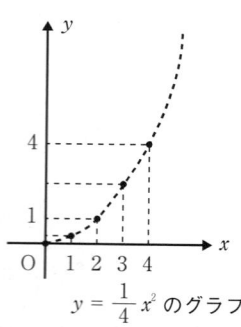

$y = \dfrac{1}{4}x^2$ のグラフ

(図19) 放物線

2次関数　　$y = \dfrac{1}{4}x^2$

xの値	0	1	2	3	4	‥
yの値	0	$\dfrac{1}{4}$	1	$\dfrac{9}{4}$	4	‥

(図20) (x, y) の値

このようにしてニュートンは曲線における接線の重

要性を認め、微分の理論を構築していきます。

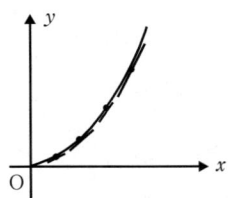

各点における接線の傾きがわかれば、そこに接線をひいて放物線
$$y = \frac{1}{4}x^2$$
に近づけられます

(図21)

2. 微分積分の黎明期

(1)変化と運動の研究

　16世紀から17世紀にかけて、ヨーロッパでは中世の封建制度が弱まり、新しい資本主義制度が確立されていきます。工業が発達することにより様々な工業製品が作られるようになると、それらを各地に運び交換し売買する商業が並行して育っていきます。そのため各国は領土や植民地をめぐって衝突し、戦争をくりかえしました。そのなかで大砲を持った軍隊が生まれるのです。

　各国は競って工業の原料と新しい市場を求めて商団を組み、商船隊は世界の海を目指していきます。まさに世界は新しい科学技術と弾道学と地理学、さらに航海のための天文学を必要としたのでしたが、古代数学・中世数学はこれらの要求に何一つ答えることができませんでした。それはなにより、これまでの数学が直線と円だけを研究していて、動くもの、すなわち弾道の計算も星の動きも学問の対象となっていなかったからです。

中世数学の特徴は、以下の2つです。

> ①厳密な論証とわずかな公理（もっとも自明な前提、たとえば2つの点が与えられたとき、その2点を通るような直線を引くことができるといったもの）から出発する体系化
> ②静止・不動のものが研究対象であり、動くものの運動状態や変化を嫌う

　もちろん古代や中世の人々が動くものに対して興味がなかったわけではありません。けれども動くものを厳密に議論すればするほど、当時の数学者たちは奇妙な結論に突き当たってしまうのです。一つひとつの論法には誤りがないのに、導かれた結論は経験とは明らかに異なる……。
　この辺りの事情が最もわかりやすいのが有名な**ゼノンのパラドクス**ですね。

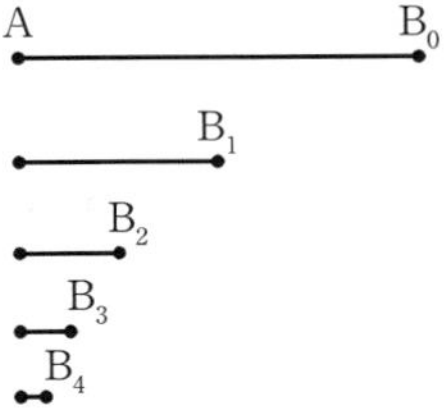

「地点 A から地点 B_0 へ移動するためには、まず A からの距離が AB_0 間の距離の半分の地点 B_1 に到達しなければならない。さらに A から B_1 へ移動するためには、A

（図22）

からの距離が AB₁ 間の距離の半分の地点 B₂ に到達しなければならない。

以下同様に続けると、地点 A から地点 B₀ へ移動するには無限の点を通過しなければならず、そのためには無限の時間が必要である。

よって有限の時間で地点 A から地点 B₀ へ移動することは不可能である。」

「アキレスはカメに追いつくことはできない。なぜなら追いつくためにはアキレスはまず今カメがいるところに行かねばならない。その間にカメは少し前に移動している。次にアキレスはその時カメがいるところに進まなければならない。しかしそれにはある時間がかかるから、その間にカメはまた少しは前に進む。これが限りなく繰り返され、アキレスはカメに追いつくことはできない。」

中世の数学者を悩ませたのはいわば「有限の中から無限を引き出す」という思考だったのです。こうして彼らは運動、変化、無限を排除して学問を構築していくことになります。

しかしながら新しい世界が求めたのはまさに運動と変化の数学でした。この要求にこたえたのがデカルトの座標数学であることはすでにお話ししましたね。

運動と変化を記述するには古代・中世にない新しい

序　章　微積分学を学ぶために

概念が必要でした。円と直線に終始してきたそれまでの数学を抜け出して、座標が最も活躍できる場面、それが関数という道具だったのです。

たとえば物体が自然落下する状態に対してデータをとると、落ち始めてから x 秒間に落下する距離を y m とすると、時刻 x と距離 y の間には
$$y = 4.9x^2$$
の関係が成り立つことを当時の数学者たちは気づきます。これをデカルトの座標平面上に図示すれば、

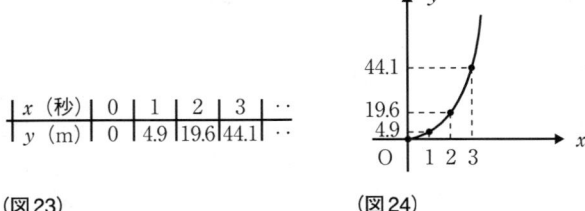

x（秒）	0	1	2	3	‥
y（m）	0	4.9	19.6	44.1	‥

（図23）　　　　　　　　（図24）

のように描くことができ、ある時刻による物体の位置を座標平面から直感的につかむことができます。

けれどもこのグラフはあくまである点においての様子がわかるだけで、物体の連続的な様子を表してはいません。運動というのは時間とともに場所が変わることですから、関数 $y = 4.9x^2$ の正確なグラフがほしい。そのためには時刻 x をより細かくとる、すなわち極限の概念が必要となってきます。

41

(図25)

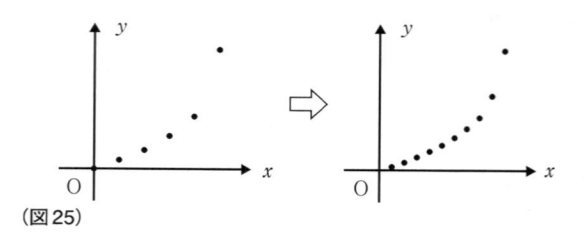

(2) 関数と極限、そして微分と積分へ

先の物体の落下において、落ち始めてから x 秒間に落下する距離を y mについて、時刻 x と距離 y の間には

$$y = 4.9x^2$$

の関係が成り立っていました。

このように2つの変わる量（変数）x と y があって、x の値を決めれば y の値が決まるような何かの規則が定められているとき、y は x の関数であるといいます。

$$y = 4.9x^2, \ y = \frac{1}{x}, \ y = \sin x$$

などはいずれも x の関数です。

ところで新しい数学の申し子であったニュートンやライプニッツによって近代数学の柱である微積分学が育っていきますが、関数をグラフ化するには（図25）のように限りなく小さい状態の極限の概念が必要でし

た。けれどもニュートンやライプニッツが微積分を作り上げることができたのは、「**無限小**」という極限を扱う完全な方法を見つけたからではありません。彼らは「無限小」を時として静的な0とみなし、また時として「いくらでも小さい、どこまでも小さい量」という動的な0としても捉えることで、新しい数学を作り上げるのです。

　これは当然のことながら厳密な理論を構築する中世数学の立場をかたくなに守る古い数学者たちからは猛反発を受けます。バークレーという学者はこのような新しい考え方を激しく攻撃し、このようないい加減な議論は神を汚すものだと非難します。

「無限小」とは0なのか、0でないのかという議論は中世数学を重んずる数学者と近世数学を作ろうとする数学者の間でずっと平行線をたどり、きちんとした結論を見ないまま、微積分学は発展していきます。近代数学の先駆者たちが対立した人々と大きく異なっていたのは、「運動」「変化」「無限」を避けず、0を動的な「どこまでも小さい量」として捉え、理論的には難点が多少あったとしても、それが現実に有効であり自然の法則や運動を認識するのに役立つものであれば積極的に研究したことだといえます。

　さていよいよ私たちも近代数学の先駆者たちを見習って、微積分の世界に足を踏み入れてみましょう。そ

してその最初に学ぶのが「無限小」すなわち極限の考え方です。

第1章

微分

1. 基本的な関数の形

（1）直線の式と平行移動

　微分の本格的な勉強をするにあたってまず押さえておかないといけないのは、関数とは何かということです。

　序章でお話ししたように、古代・中世の数学では動くものに対しての考察が全くできませんでした。そのときに現れたのがデカルトで、彼が動くものに対しての位置を (x, y) 平面上に表現したことにより、動くものを x と y の関数として捉えることができたのです。たとえばある物体が時間に応じて動く状態を考えます。最初原点にいた物体が、時間 t が変わるにつれて、その物体の位置を表す x 座標と y 座標が次のように変化していくとします。

t	…	0	1	2	3	4	5	…
x	…	0	1	2	3	4	5	…
y	…	0	2	4	6	8	10	…

（図26）t, x, y の関係表

第1章 微分

　このとき、xとyには$y = 2x$という関係が成り立っていますよね。このようにyの値がxによって決まるときyはxの関数であるというのです。

　ここで一般的には、yがxの式で表されていることを$y = f(x)$のように表現します。このfという記号は決まっているわけではなく、$y = g(x)$や$y = h(x)$のようにgやhなどを用いて表すこともよくあります。

（fは function（関数）から取っています。）

xとyの最も簡単な関係は
　　　$y = ax$…①, $y = ax+b$…②
の形をした関係式ですね。この形はxの1次式で表されているので1次関数というのでした。

　（図26）で示されたときのxとyの関係は
$y = 2x$
でしたが、これを実際にxy平面座標上に点として (x, y) = $(1, 2)$, $(2, 4)$, $(3, 6)$ …… のように取っていくと、$y = 2x$を満たす (x, y) は直線上にあることがわかります。

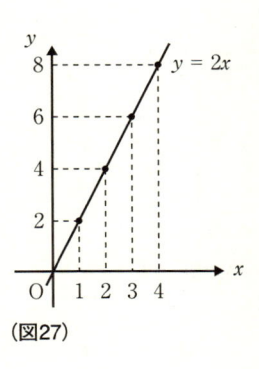

（図27）

このように、関数 $y = f(x)$ について、対応しているxとyの値の組 (x, y) をxy平面上に点として表示したとき、それらの点全体が作る図形を、$y = f(x)$ のグラフといいます。

一般に $y = ax$ …① の形で表された1次関数のグラフは（図28）のように原点 $(0, 0)$ を通る直線を描くのでした。

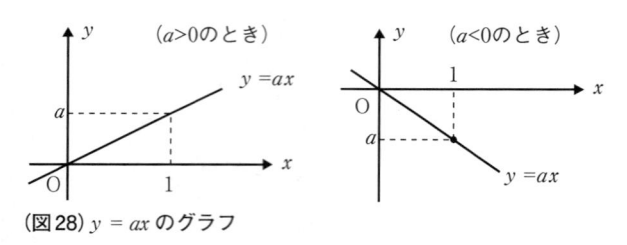

(図28) $y = ax$ のグラフ

このとき a を**直線の傾き**というのでしたね。

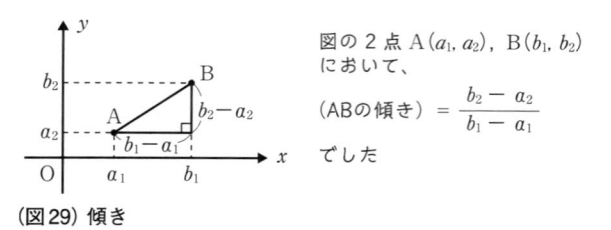

図の2点 $A(a_1, a_2)$, $B(b_1, b_2)$ において、

（ABの傾き） $= \dfrac{b_2 - a_2}{b_1 - a_1}$

でした

(図29) 傾き

では $y = ax+b$ …② の形で表された1次関数のグラフはどのような図形になるでしょうか。ほとんどの方

第1章 微分

は中学2年のときの内容を覚えていて、(図30)のような直線になり、②で$x=0$とすると$y=b$ですから、点$(0, b)$を通り、傾きがaになっていることを思い出したでしょうね。このようにy軸とbで交わるとき、②の直線のy切片はbであるというのでした。

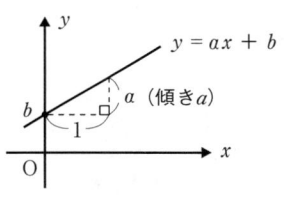

(図30) $y = ax+b$

ところで$y = ax+b$…②のグラフが(図30)のような直線になる理由はどうしてでしょうか。

それは$y = ax$…①のグラフは原点を通る直線でしたが、②の式はaxのあとに$+b$がついていますよね。この$+b$があるために②のグラフのy座標は①のグラフに対して全体がbずつ増えて、その結果$y = ax$…①のグラフをy軸方向に$+b$平行移動した形になったのです。

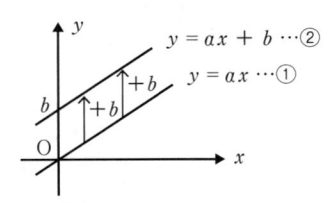

(図31) 平行移動の様子

このことは一般に$y = f(x) + b$のグラフでも同様

のことがいえて、$y = f(x)$ がどのようなグラフであっても、

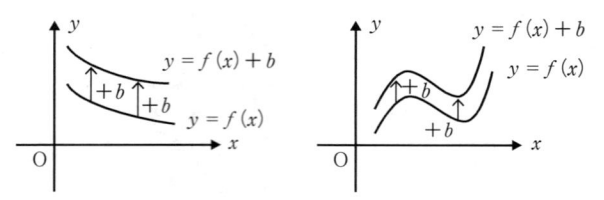

(図32) 一般の y 軸方向の平行移動

のように、$y = f(x) + b$ のグラフは $y = f(x)$ のグラフを y 軸方向に b 平行移動して得られることを覚えておいてください。

ところでここでみなさんの中には
「じゃあ先生、直線を x 軸方向に平行移動するとどうなるんですか」
という疑問を持った人もいるはず。
　これはとっても良い質問で、すでに微分の目標であるグラフを描くという内容にさりげなく関わっているんですよ。

　この問題を考えるために一度具体化してみましょう。
　$y = 2x$ のグラフはすぐに描けますが、このグラフを x 軸方向に 4 ずらして描いてみると (図33) のよう

になります。

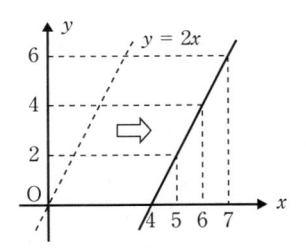

(図33) x軸方向に平行移動

この太線で描かれた直線上の点について、xとyの対応関係を表にしてみると(図34)のように対応していますね。

x	…	4	5	6	7	…
y	…	0	2	4	6	…

(図34) xとyの対応

さてこのxとyの対応の様子からxとyにはどのような関係があるとわかりますか。気づかない人のためにヒントを出すと、$y = 2(x-□)$に当てはまる数字を探してみてください。そう、正解は

　　$y = 2(x-4)$ ⇒これが太線の直線の式！

ですね。

そうなんです。$y = 2x$と$y = 2(x-4)$のグラフは上の(図34)のように4ずれた位置関係にあるんです

ね。

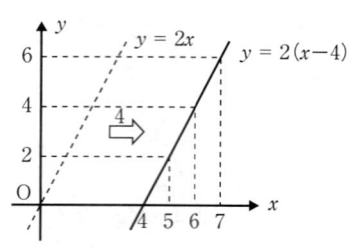

(図35) x 軸方向の移動

一般に $y = ax$…①のグラフを x 軸方向に p 平行移動したときのグラフは、$y = a(x-p)$ …③で表すことができます。

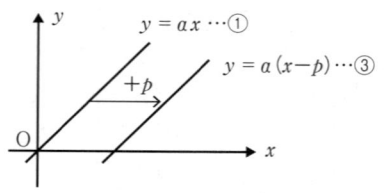

(図36) ①、③のグラフ

x 軸方向に p だけ平行移動したとき、$y = a(x+p)$ と思い込んでしまう人が多いので注意してくださいね。

では $y = a(x-p)+b$…④のグラフはどのようになると思いますか。

$y = ax \cdots ① ➡ y = a(x-p) \cdots ③$
$➡ y = a(x-p)+q \cdots ④$

のように考えていくと

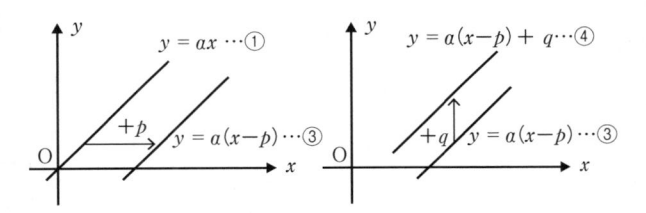

(図37) ①➡③➡④の図

のように、$y = a(x-p) \cdots ③$のグラフは$y = ax \cdots ①$のグラフをx軸方向にp平行移動して得られ、さらに
$y = a(x-p)+q \cdots ④$のグラフは$y = a(x-p) \cdots ③$のグラフをy軸方向にq平行移動していけばよいことがわかりますね。

これは一般の$y = f(x) \cdots ⓐ$のグラフをx軸方向にp平行移動、y軸方向にq平行移動したときにも同様のことがいえて、
　$y = f(x) \cdots ⓐ$をx軸方向にp平行移動すると
　$y = f(x-p) \cdots ⓑ$
と表すことができ、
　$y = f(x-p) \cdots ⓑ$をy軸方向にq平行移動すると
　$y = f(x-p)+q \cdots ⓒ$

のように表現することができます。

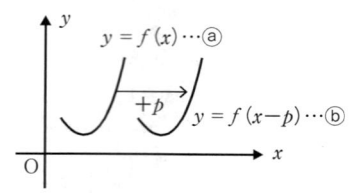

(図38) x 軸方向の平行移動

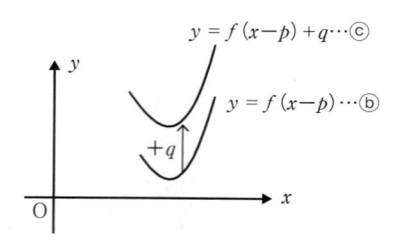

(図39) y 軸方向の平行移動

第1章 微分

これはとても重要な知識なので下の表の形でしっかり覚えておいてください。

原則1 〈関数の平行移動〉

$y = f(x)\cdots$ⓐをx軸方向にp平行移動すると
$y = f(x-p)\cdots$ⓑ
と表すことができ、
$y = f(x-p)\cdots$ⓑをy方向にq平行移動すると
$y = f(x-p) + q\cdots$ⓒ
と表せる

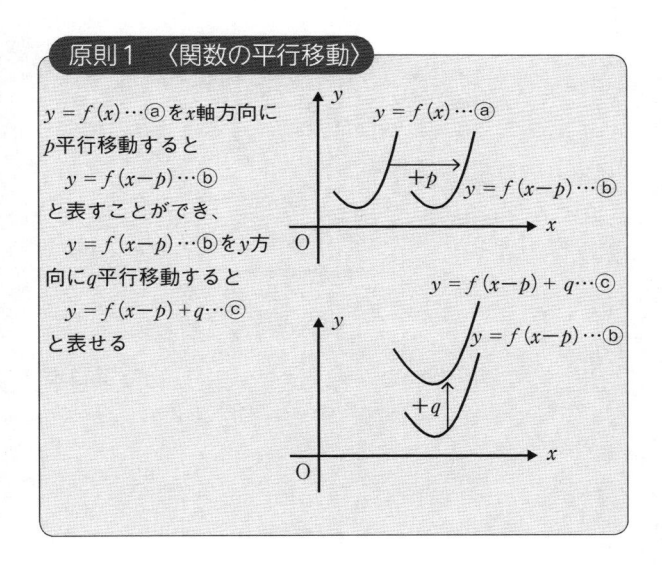

(2) 直線の式を求めるには

たとえば原点と点$(3, 2)$を通る直線を求めるには、求める直線の式を$y = ax\cdots$①とおいて、これが$(3, 2)$をみたしていますから代入して

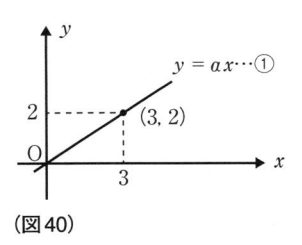

(図40)

55

$2 = 3a$ より $a = \dfrac{2}{3}$

よって求める直線は $y = \dfrac{2}{3}x$ となりますね。

では原点を通らない直線、たとえば点 (1, 3) と (4, 5) を通る直線はどのようにして求められるでしょうか。

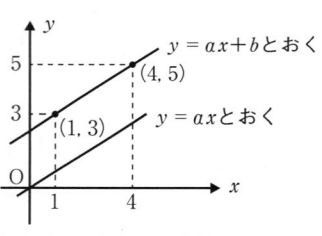

(図41) 2点を通る直線

中学校で学ぶ方法で考えると、(図41)の直線は原点を通っていませんから、求める直線の式の形は

$y = ax+b$ …②

の形になっています。

点 (1, 3) と (4, 5) は②の関係をみたしていますから、代入して

$3 = 1a+b$ …③
$5 = 4a+b$ …④

が成り立ちますね。

これからこの連立方程式を解いて a と b を求めれば、

$a = \dfrac{2}{3}$, $b = \dfrac{7}{3}$

が得られて、求める直線は a、b の値を②式に代入することにより

$$y = \frac{2}{3}x + \frac{7}{3} \quad \cdots \text{⑤}$$

とわかるのでしたが、高校の数学ではこのような方針を卒業して、図形的な考察から求めていきます。

2点 A (1, 3) と B (4, 5) を通る直線 AB は (図42) のようで、このとき直線 AB の傾きは

$$(\text{AB の傾き}) = \frac{5-3}{4-1} = \frac{2}{3}$$

ですね。

(図42)

次に直線 AB 上に点 P (x, y) をとります。点 P は直線上であればどこでも構いません。

すると (図43) のように、AB の傾きも AP の傾きも同じですから

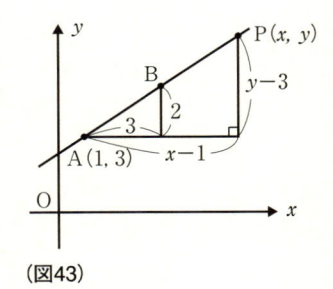

(図43)

$$\frac{y-3}{x-1} = \frac{2}{3} \cdots \text{⑥}$$

が成り立ちます。⑥式を変形すると

$$y - 3 = \frac{2}{3}(x-1)$$

すなわち

$$y = \frac{2}{3}(x-1) + 3 \cdots ⑦$$

となりますね。

この⑦式を展開して整理すると
$$y = \frac{2}{3}x - \frac{2}{3} + 3$$
$$y = \frac{2}{3}x + \frac{7}{3}$$

ですからこれは、先ほど求めた直線⑤と一致します。このように高校数学では求める直線を点 (x, y) のみたす関係式として式を立てていきます。

ところで、今求めた⑦式をもう一度見てください。
$$y = \frac{2}{3}(x-1) + 3 \cdots ⑦$$
これは原点を通る同じ傾きの直線
$$y = \frac{2}{3}x \cdots ⑧$$
を x 軸方向に1平行移動し、y 軸方向に3平行移動した直線と見ることもできると気づくはずです。

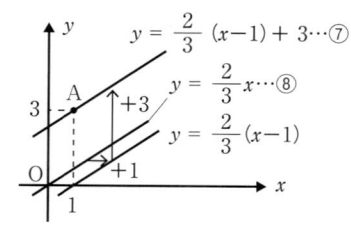

(図44) 平行移動の様子

第1章 微分

さて $y = \dfrac{2}{3}(x-1) + 3 \cdots$ ⑦の式をもう一度見てください。

⑦式の中に現れる数字1と3は実は求めたい直線上の点 A (1, 3) の数字と一致します。また分数は求めたい直線の傾きでしたね。

ということは2点 A (1, 3) と B (4, 5) を通る直線の式は傾きさえわかれば、

$y = \dfrac{2}{3}(x-1) + 3 \cdots$ ⑦
　　↑　　　　↖
　傾き　　　　(1, 3) の座標が入る

のように機械的に求められそうな気がします。

この考え方は正しいのでしょうか。一般論で検証してみましょう。

今ここに2点 A (a_1, a_2) と B (b_1, b_2) があり、この2点を通る直線を求めてみます。

直線上に点 P (x, y) をとると、AB の傾きと PA の傾きは一致していますから

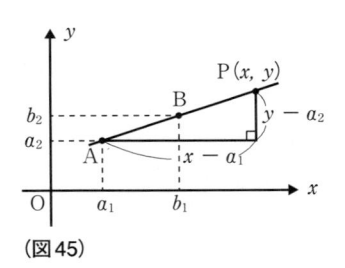

(図45)

傾きについて

$$\underbrace{\frac{y-a_2}{x-a_1}}_{\text{PAの傾き}} = \underbrace{\frac{b_2-a_2}{b_1-a_1}}_{\text{ABの傾き}} \cdots ⓐ$$

の関係式が成り立ちますね。

これが求める直線上の点 (x, y) が満たす関係式でⓐ式を変形すると

$$y - a_2 = \frac{b_2-a_2}{b_1-a_1}(x-a_1) \quad \cdots ⓑ$$

すなわち

$$\boldsymbol{y = \frac{b_2-a_2}{b_1-a_1}(x-a_1) + a_2} \cdots ⓑ'$$

という私たちが知りたい直線の式です。

そしてⓑ′式をよく見てもらうと

$$y = \underset{\uparrow}{\frac{b_2-a_2}{b_1-a_1}} (x-a_1) + a_2 \cdots ⓑ'$$

　　直線ABの傾き　　　　A(a_1, a_2)の座標が入っている

のように、直線ABの式は、ABの傾きさえわかればあとは機械的に点A (a_1, a_2) の座標を書き込めば直線の式が得られるというとても使いやすい公式を得ることができました。実はA (a_1, a_2) でなくても、B (b_1, b_2) の座標を書き込んでも構いません。興味のある人はABの傾きとPBの傾きで同様の考察をしてみてください。

これは曲線の接線を考える上で非常に有効な武器なのでしっかりと覚えておきましょう。

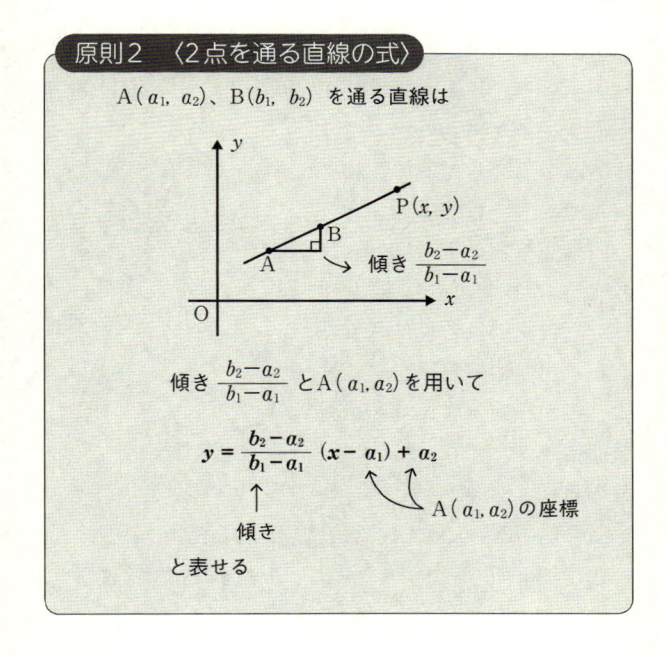

> **原則2　〈2点を通る直線の式〉**
>
> $A(a_1, a_2)$、$B(b_1, b_2)$ を通る直線は
>
> 傾き $\dfrac{b_2-a_2}{b_1-a_1}$ と $A(a_1, a_2)$ を用いて
>
> $$y = \dfrac{b_2-a_2}{b_1-a_1}(x-a_1) + a_2$$
>
> と表せる

(3) 放物線の式

　私たちが直線の次になじみ深い図形は円と放物線です。

　円は古代からコンパスを用いて様々な図形の考察に利用されていましたが、放物線は石を投げあげれば日常すぐに目にする図形であったにもかかわらず、具体的な形として捉えるのは困難でした。

　古代ギリシャで有名な哲学者プラトンがヨーロッパ

最古の大学といわれる学校を開きますが、このプラトン学派のメナイクモスは様々な立体図形を研究していて、特に円錐曲線の発見が有名です。

　円錐曲線というのは、右図のように１つの直円錐を作り、これを円錐の軸に垂直なある平面で切ると円が現れます。平面を傾けていくと切り口は楕円に、さらに傾けて円錐の母線（図参照）に平行な平面で切ると、切り口は放物線が現れます。

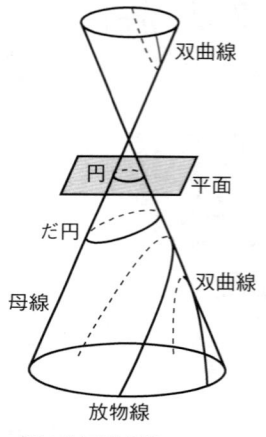

(図46)円錐曲線

　さらに平面を傾けていくと、切り口は双曲線になります。

　このように円・楕円・放物線・双曲線は一つの円錐の切り口と考えられることからまとめて円錐曲線と呼ばれるのですが、これを座標平面に式で表すにはそれらの図形を直線の時と同じように、ある条件をみたす点の軌跡として捉えていきます。

　円錐曲線の中に現れる放物線を考察していくと、放物線には一つの特徴がみられます。それは（図47）に見られるように、放物線はある軸に対して対称であ

り、その軸上の1点Fと、Fを通らない軸に垂直な直線 ℓ をとると、点Pから ℓ に引いた垂線PHとPFとの距離が常に等しいという事実です。この1点Fを**焦点**といい、直線 ℓ を**準線**といいます。

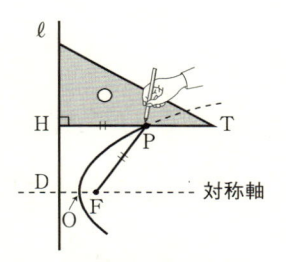

(図47) 放物線の定義図

これを座標平面上で表していくと、焦点Fから準線 ℓ に垂線を引きその足をDとし、さらに、直線FDを y 軸に、線分FDの垂直2等分線を x 軸にとれば、焦点は F$(0, p)$、準線 ℓ は直線 $y = -p$ のように設定することができます。

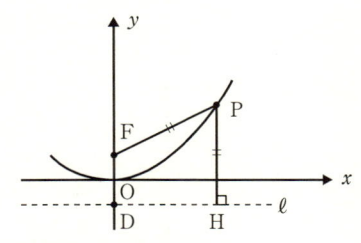

(図48) xy 平面に移した図

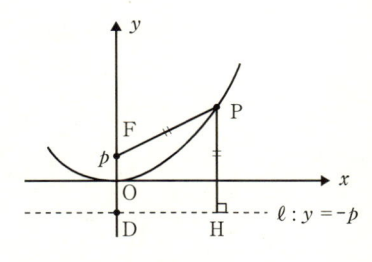

(図49) xy 平面に移した図

求める放物線上の点Pを P(x, y) とすると、Pから x 軸におろした垂線の足Hと焦点Fの間には

PH = PF　…①

の関係が成り立ちますね。

　ここでちょっと中学の復習をしておくと、(図50)の点 A (a_1, a_2) と B (b_1, b_2) の距離 AB は、三平方の定理から

$$AB = \sqrt{(b_1-a_1)^2 + (b_2-a_2)^2}$$

と表されるのでした。

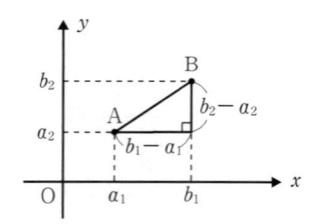

(図50) AB の距離

これを用いると P (x, y), F $(0, p)$ として (図49)′ より

PH = $y+p$
PF = $\sqrt{(x-0)^2 + (y-p)^2}$

ですから、上の①式は

$$y+p = \sqrt{x^2 + (y-p)^2}　…②$$

と書けて、②式を変形していくと
$$(y+p)^2 = x^2 + (y-p)^2$$
$$y^2 + 2py + p^2 = x^2 + y^2 - 2py + p^2$$
$$x^2 = 4py \quad \cdots ③$$
という式が得られます。

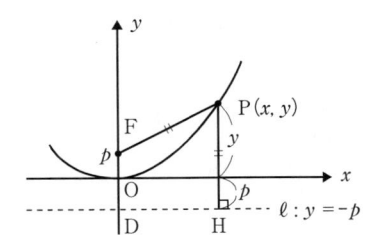

(図49)′

これが放物線を描く点 P(x, y) の関係式であり、この関係をみたす (x, y) を集めた点の軌跡が放物線なのです。

ところで $x^2 = 4py$ …③ は
$$y = \frac{1}{4p}x^2 \quad \cdots ④$$

とも変形できますね。このとき $\frac{1}{4p} = a$ とおくと、私たちが中学生のときに慣れ親しんだ放物線の式、
$$y = ax^2 \quad \cdots ⑤ \quad \Leftarrow y = \frac{1}{4p}x^2 \text{ より}$$
の形が現れます。

実は円錐曲線の円・楕円・放物線も同様の考え方で

xとyの関係式を得ることができます。

(4) 放物線 $y = ax^2 + bx + c$ の考察

今私たちは原点を通る放物線として$y = ax^2$…⑤の式を得ることができましたが、たとえば$a = 1$として$y = x^2$の放物線を考えれば、xの値を与えることによりyの値が決まることから（図51）のような図形がおおよそ描くことができます。

今おおよそといったのは、この曲線の形は正確なものではなく、あくまでもだいたいの予想で描いている図形であり、私たちはまだ完璧な放物線を描くには至っていないのです。だからこそ、これから学ぶ微分が有効な武器になるのですが……。

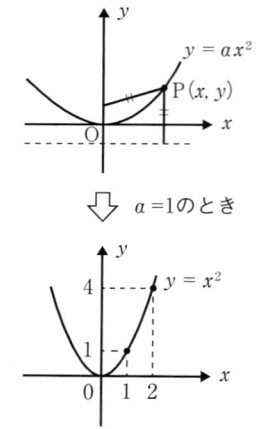

（図51）$y = ax^2$

さて今の時点では$y = ax^2$ …⑤の放物線の形は次の2つの形になることがわかります。

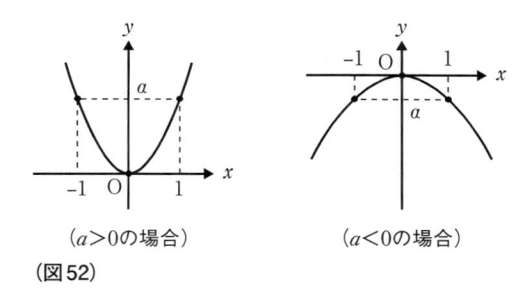

(図52) 左:（a>0の場合）　右:（a<0の場合）

ここからは話が簡単になるように $a>0$ の場合の図で考えていきます。

今 $a = \dfrac{1}{2}$ として

$y = \dfrac{1}{2} x^2 \cdots$ ⑥のグラフ

$y = \dfrac{1}{2}(x-1)^2 + 3 \cdots$ ⑦のグラフ

を考えます。

x の値をいろいろ代入することにより y の値が決まるのでそれを xy 平面上に図示していくと、⑥と⑦のグラフはそれぞれ下のようになります。

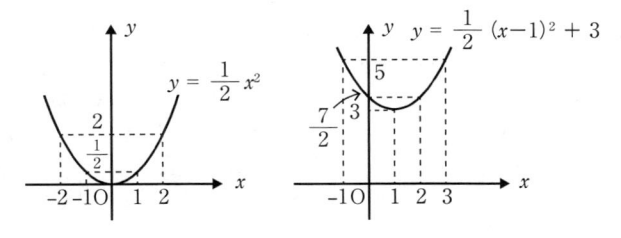

(図53)

そしてこの2つの図を同一平面上に図示してみると

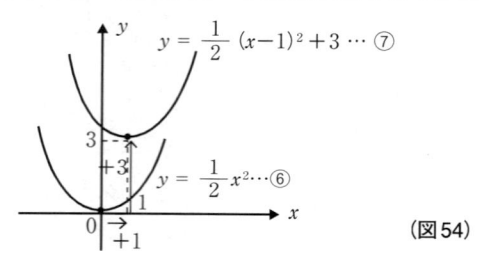

(図54)

のようになり、$y = \frac{1}{2}(x-1)^2+3\cdots$⑦の放物線は

$y = \frac{1}{2}x^2\cdots$⑥の放物線を

　　x軸方向に1
　　y軸方向に3

平行移動したグラフになっていることに気づきますね。

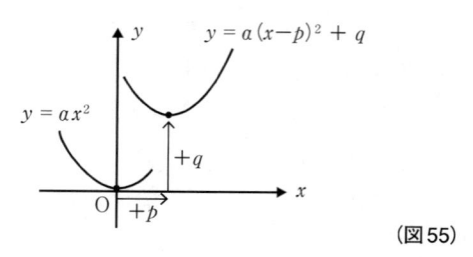

(図55)

このように一般に

　　$y = a(x-p)^2+q$

のグラフは、$y = ax^2$ のグラフを

第1章 微分

　　x軸方向にp、
　　y軸方向にq
平行移動したグラフになります。

ところで
$$y = f(x) = ax^2 \quad \cdots \text{ⓐ}$$
と表すとxを$x-p$に置き換えた式が
$$y = f(x-p) = a(x-p)^2 \quad \cdots \text{ⓑ}$$
であり、これに$+q$したものが
$$y = f(x-p) + q = a(x-p)^2 + q \quad \cdots \text{ⓒ}$$
ですが、(図55)の平行移動のグラフの様子から、放物線$y = f(x)$ …ⓐをx軸方向にp平行移動したものが
$$y = f(x-p) \quad \cdots \text{ⓑ}$$
さらにこれをy軸方向にq平行移動したものが
$$y = f(x-p) + q \quad \cdots \text{ⓒ}$$
であり、

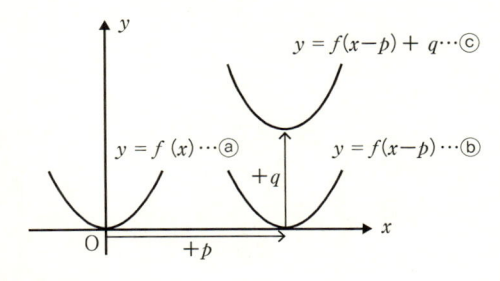

(図56) ⓐ ➡ ⓑ ➡ ⓒ

（図56）のように表現できることがわかります。これは直線のところで学んだ原則1が成り立っていることがわかりますね。

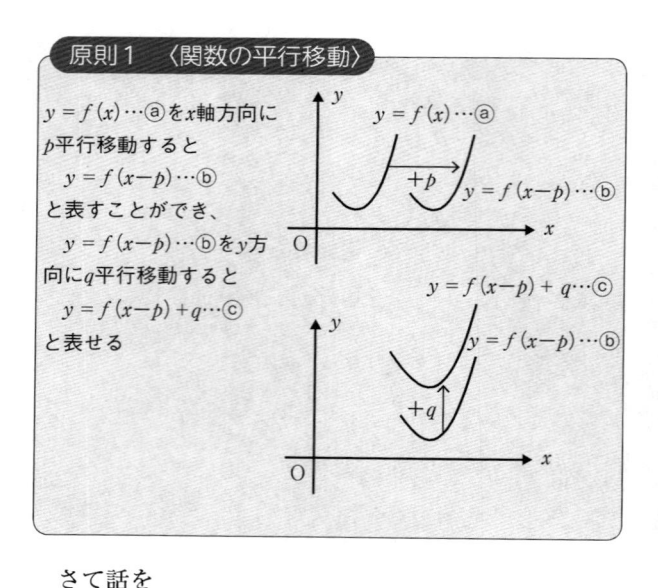

原則1　〈関数の平行移動〉

$y = f(x)\cdots$ⓐをx軸方向に
p平行移動すると
　$y = f(x-p)\cdots$ⓑ
と表すことができ、
　$y = f(x-p)\cdots$ⓑをy方
向にq平行移動すると
　$y = f(x-p) + q\cdots$ⓒ
と表せる

　さて話を
「$y = a(x-p)^2 + q$
　のグラフは$y = ax^2$を
　　x軸方向にp、
　　y軸方向にq
　平行移動したグラフになった」
ところに戻しましょう。

70

図の点 (p, q) をこの放物線の**頂点**といい、直線 $x = p$ の式を放物線の**対称軸**というのでした。

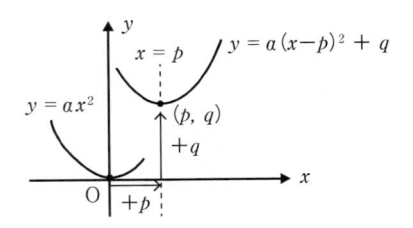

(図55)

ではもし私たちが先に $y = a(x-p)^2 + q$ の形の式を与えられたら何がわかるでしょう。

$$y = a(x-p)^2 + q$$
$$= ax^2 - \underline{2ap}x + \underline{ap^2} + q$$

ですから、$-2ap = b$, $ap^2 + q = c$ とおくと上の式は

$$y = ax^2 + bx + c$$

とおくことができます。

つまり、$y = a(x-p)^2 + q$ は頂点と対称軸がわかる式の形ですが、この形は一般に

$$\boldsymbol{y = ax^2 + bx + c}$$

という2次関数として表現できるのです。

逆にいうと、$y = ax^2 + bx + c$ の形の式はある放物線 $y = ax^2$ を平行移動したものですから、

$$y = ax^2 + bx + c \;\blacktriangleright\; y = a(x-p)^2 + q$$

の形に変形できれば、どんな2次関数でも大まかなグラフは描くことができるということになります。

実際に試してみると $y = 2x^2 - 4x + 1$ のグラフは

$$
\begin{aligned}
y &= 2x^2 - 4x + 1 \\
&= 2\{x^2 - 2x\} + 1 \\
&= 2\{(x-1)^2 - 1^2\} + 1 \\
&= 2(x-1)^2 - 2 + 1 \\
&= 2(x-1)^2 - 1
\end{aligned}
$$

～～部を x^2 の係数でくくる
｛ ｝内から（ ）^{2} を作り出す！

と変形することができますから、

$$y = 2x^2 - 4x + 1 \;\blacktriangleright\; y = 2(x-1)^2 - 1$$

より、このグラフは

$y = 2x^2$ のグラフを

　x 軸方向に 1

　y 軸方向に -1

だけ平行移動したもので右図のようになることがわかりますね。

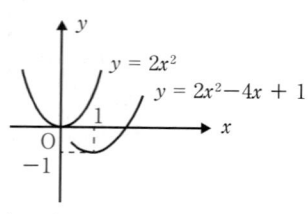

(図57) $y = 2x^2 - 4x + 1$

このように $y = ax^2 + bx + c$ の形の式を

$$y = a(x-p)^2 + \cdots\cdots, \quad y = a(x+p)^2 + \cdots\cdots$$

というように、$(x-p)^2$ や $(x+p)^2$ を用いた形に変形することを**平方完成をする**といいます。

ここで $y = ax^2 + bx + c$ を平方完成してみると

$$\begin{aligned}
y &= \underline{ax^2 + bx} + c \quad \Big\rangle \text{\~\~部を} \\
&= a\{x^2 + \frac{b}{a}x\} + c \quad \quad x^2\text{の係数でくくる}
\end{aligned}$$

⇩ { }内に $(x+\ )^2$ を作り出す

$$= a\left\{\left(x + \frac{b}{2a}\right)^2 - \left(\frac{b}{2a}\right)^2\right\} + c$$

↳ 展開してごらん！
1行上の式になるよ！

$$\begin{aligned}
&= a\left(x + \frac{b}{2a}\right)^2 - a\left(\frac{b}{2a}\right)^2 + c \\
&= a\left(x + \frac{b}{2a}\right)^2 - \frac{b^2}{4a} + c \\
&= a\left(x + \frac{b}{2a}\right)^2 - \frac{b^2 - 4ac}{4a} \\
&= a\left\{x - \left(-\frac{b}{2a}\right)\right\}^2 - \frac{b^2 - 4ac}{4a}
\end{aligned}$$

のように変形できますから、$y = ax^2 + bx + c$ という2次関数の頂点と対称軸は

頂点 $\left(-\dfrac{b}{2a},\ -\dfrac{b^2-4ac}{4a}\right)$

対称軸：$x = -\dfrac{b}{2a}$

であることがわかりますね。

ただしこの結果は覚える必要はなく、常に与えられた2次関数を平方完成して頂点と対称軸を求めれば十

分です。

$$y = ax^2 + bx + c$$

$$-\frac{b^2-4ac}{4a}$$

$$x = -\frac{b}{2a}$$

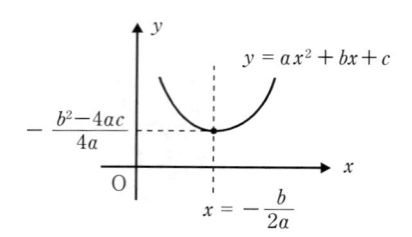

(図58)

　以上で私たちは最も基本的な関数である１次関数と２次関数についての知識を得ることができました♥

2. 極限の考え方

さて、いよいよ微分の入り口に進んでいくことにします。

序章で、与えられた関数の図形の様子をつかむには各点における接線の様子がわかればよいという話をしました。

ここで問題になるのは接線とは何かということです。

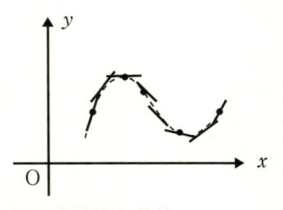

(図59) 接線と曲線

たとえば(図60)の図形があるとして、点Aにおける接線はなんとなく引くことができますが、点Oにおける接線は2つ描けそうで、そうなるとある点において接線は1本でも2本でも描けることになってしまいます。

接線の定義はもう少し後でお話ししますが、そのときに必要になるのが「ある値が0に近づく」という考え方なのです。

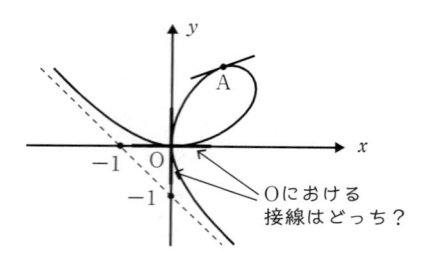

(図60)

Oにおける接線はどっち？

また序章の終わりに、関数をグラフ化するには

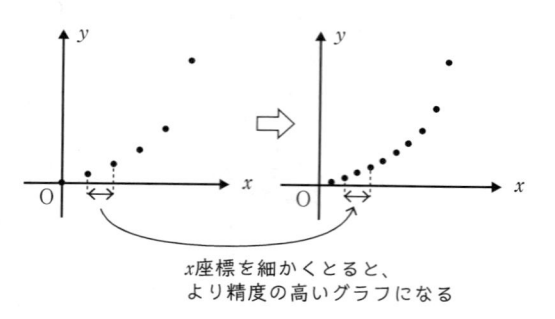

x座標を細かくとると、より精度の高いグラフになる

(図25)

のように限りなく小さい状態の極限の概念が必要であり、ニュートンやライプニッツが微積分を作り上げることができたのは、「無限に小さくした状態」という極限の考察がカギになったといいました。

彼らは「無限小」を時として静的な0とみなし、また時として「いくらでも小さい、どこまでも小さい

量」という動的な0としても捉えることで微積分を構築したともお話ししましたね。

いずれにしても微積分を考えるには0に近づくこと、無限小とはなにかというのが重要なテーマらしいことは感じられると思います。

(1)極限の定義

今ここにある関数 $y = f(x)$ があるとします。そして x の値がある値から限りなく a に近づいていくとき、それに応じて y の値が限りなく b に近づくならこれを

$$x \to a \text{ のとき、} f(x) \to b$$

とか、

$$\lim_{x \to a} f(x) = b$$

と表現します。

ここで lim はリミットとかリーメスとよんで $\lim_{x \to a} f(x) = b$ であれば

リミット x が a に近づくとき $f(x)$ は b

のように読みますが、特に決まりはありません。

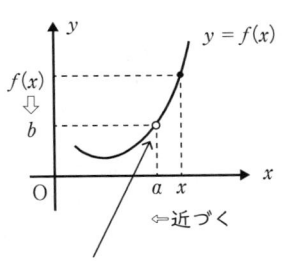

⇐近づく

この値があるかどうかは問題ではありません！近づくだけです!!

(図61)極限のイメージ図

ところで今関数 $y = f(x)$ があって、x の値がある値から限りなく a に近づいていくとき、それに応じて y の値が限りなく b に近づくことを

$$\lim_{x \to a} f(x) = b$$

と表すと言いましたが、ここで限りなく近づくというのはどのぐらい近いか漠然としていますよね。

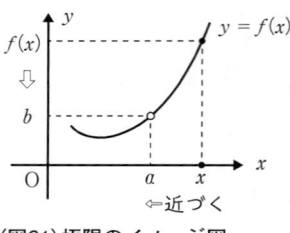

(図61) 極限のイメージ図

ちょっと具体的に考えてみます。

たとえば関数 $y = f(x) = x + 1$ が与えられたとき、

$$\lim_{x \to 1} f(x) = \lim_{x \to 1} (x + 1)$$

の意味は、「x を限りなく1に近づけていったときの $x+1$ の値がどうなるか調べよ」ということですが、実際に x を1に近づけるイメージがわきますか。

また、x が1に近づくというのは $x = 1$ ということなのでしょうか。

第1章 微分

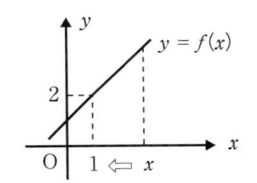

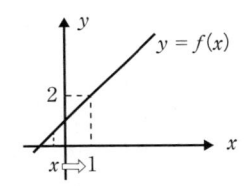

(図62) 左方極限と右方極限

　実は上の図からわかるように、xが近づくと言っても1の右側から近づくのか、それとも1の左側から近づいていくのかはっきりしませんね。

　けれども
　$x \to 1$のとき、$f(x) \to 2$
というのは感覚的にもわかるはずです。

　ここでまず押さえてほしいのは
「あくまでxは1にどんどん近づくのであって、$x = 1$のときの$y = f(x)$のy座標が2なのではない」
ということです。

　このことをもっと実感してもらうために
$$f(x) = \frac{x^2-1}{x-1}$$
の場合を考えてみましょう。

　まず数学では分母が0になるとき、その分数式は定義されません。

　これは分母が0のときの値、たとえば$\frac{1}{0}$の値が決まらないからです。

79

具体的に調べてみると、

$$\frac{1}{0.1} = \frac{1 \times 10}{0.1 \times 10} = \frac{10}{1} = 10$$

$$\frac{1}{0.01} = \frac{1 \times 100}{0.01 \times 100} = \frac{100}{1} = 100$$

$$\frac{1}{0.001} = \frac{1 \times 1000}{0.001 \times 1000} = \frac{1000}{1} = 1000$$

$$\frac{1}{0.0001} = \frac{1 \times 10000}{0.0001 \times 10000} = \frac{10000}{1} = 10000$$

$$\vdots$$

のように分母が0に近づけば近づくほど、その値はどんどん大きくなりますよね。つまり$\frac{1}{0}$の値が確定しないのです。

このことは(図63)の$y = \frac{1}{x}$のグラフで分母のxをどんどん0に近づけてみるとさらによくわかります。

図のようにxを右側から0に近づけていけばいくほどy座標の値が大きくなっていきますね。

またxを左側から0に近づけていけばいくほどy座標の値はどんどん小さくなっていきます。

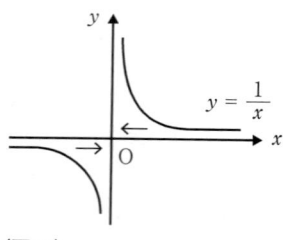

(図63)

x が右側から 0 に近づくことを

$x \to +0$

x が左側から 0 に近づくことを

$x \to -0$

と表現します。

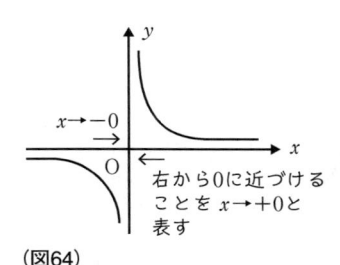

(図64)

また $f(x)$ の値がどんどん大きくなることを

$f(x) \to +\infty$

$f(x)$ の値がどんどん小さくなることを

$f(x) \to -\infty$

と表します。

∞は無限大を表す記号です。

これらを用いると (図64) の様子は

$$\lim_{x \to +0} \frac{1}{x} = +\infty, \quad \lim_{x \to -0} \frac{1}{x} = -\infty$$

のように表現できることがわかりますよね。

そして、$x = 0$ の値が確定しないこともはっきりとわかってもらえたはず。

つまり分数では、分母を 0 にするとき、その値が定義できないのです。

さてそこで話が戻って

$$f(x) = \frac{x^2 - 1}{x - 1}$$

という関数についてです。

$$f(x) = \frac{x^2-1}{x-1} \cdots ①$$

は $x = 1$ のとき分母が0になってしまうことから、定義されません。では $x \neq 1$ ではどうでしょう。

$$f(x) = \frac{x^2-1}{x-1} \cdots ①$$
$$= \frac{(x+1)(x-1)}{x-1} = \frac{(x+1)\cancel{(x-1)}}{\cancel{x-1}}$$

ですから分母と分子は共通因数 $x - 1$ ($\neq 0$) で約分すると

$$f(x) = x+1 \cdots ②$$

という関数になります。

つまり、

$$f(x) = \frac{x^2-1}{x-1} \cdots ①$$

のグラフは $x \neq 1$ のところでは直線②のようになっていますが、$x = 1$ のところでは y 座標の値が確定せず、グラフは（図65）のようになっているのです。

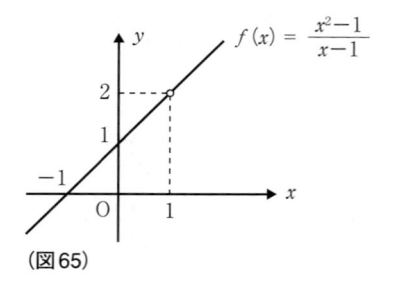

(図65)

第 1 章　微分

けれども $x \to 1$ のときの極限値は考えることができて

$$\lim_{x \to 1} f(x) = \lim_{x \to 1} \frac{x^2 - 1}{x - 1}$$

$$= \lim_{x \to 1} \frac{(x+1)(x-1)}{x-1}$$

$$= \lim_{x \to 1} (x+1)$$

$xが限りなく1に近づく$

$$= 2$$

であることが（図66）からもわかりますね。

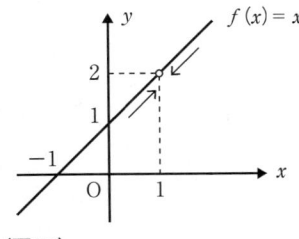

$xが1に左右どちらから近づいても f(x) = x+1 の値はどんどん2に近づく$

（図66）

つまり、$f(1)$ の値は存在しませんが、

$x \to 1$ のとき、$f(x) \to 2$

という極限は存在するのです。

この例でわかってもらいたいのは、$x \to a$ という極限を考えるとき、y 座標の値 $f(a)$ の値が存在する必要はなく、$x \to a$ の値はあくまで x が a に近づいたと

83

きの様子を調べているのであって、決して $x = a$ 自身は入っていないということです。

さてここまですっきりとわかってくれたみなさんは良いのですが、ニュートンやライプニッツが上のような説明をしたときに、当時の古い概念に縛られた数学者たちは大きな抵抗を示したのです。

それは序章の最後にもお話ししたことで、限りなく0に近づくとはそれが0そのものの扱いなのか、限りなく近づいたとしても0ではないのかということです。
上の例でもう一度古い数学者たちの反論を再現してみます。

　　いま私たちは

$$f(x) = \frac{x^2-1}{x-1} \cdots ①$$

という関数で $x \to 1$ の極限を求めるときに

$$\lim_{x \to 1} f(x) = \lim_{x \to 1} \frac{x^2-1}{x-1} \qquad \cdots ⓐ$$

第1章 微分

$$= \lim_{x \to 1} \frac{(x+1)(x-1)}{x-1} \quad \cdots ⓑ$$

$x-1$ で約分

$$= \lim_{x \to 1} (x+1) \quad \cdots ⓒ$$

$$= 2 \quad \cdots ⓓ$$

という計算をしました。

そしてⓑからⓒに変形するときに $x-1$ で分母分子を割っているわけですが、そのためには $x-1 \neq 0$ としておかなければなりませんよね。

→ だって $x-1$ で割るということは
　分母と分子に $\frac{1}{x-1}$ をかけるということで、
　すると $x-1 \neq 0$ でなければなりませんから。

つまり約分をするためには、$x-1 \neq 0$（つまり $x \neq 1$）である前提で考えています。

ところが

$$= \lim_{x \to 1} (x+1) \quad \cdots ⓒ$$

$$= 2 \quad \cdots ⓓ$$

x に1を代入して計算しているように見える

という段階では、ⓒにおいて

　　$x = 1$　（すなわち $x-1 = 0$）

という扱いをして極限値2を求めています。

ある場面（ⓑからⓒを求めるとき）では $x-1$ の値を $\neq 0$ として計算するのに、別の場面（ⓒからⓓを求め

85

るとき）では $x-1$ の値を $=0$ として扱っている。いったい、$x-1$ は0なのか0ではないのか……。古い数学者たちはこの矛盾をニュートンやライプニッツといった新しい概念を持つ数学者たちに突き付けたのでした。

言い換えれば古い数学者たちにとって、無限小すなわち限りなく0に近づくとどうなるかという現象を、「0とは0という固定量（静的な概念）」として捉えることしかできなかったわけですが、ニュートンたち近代の数学者たちは、無限小を「0に収束する変数（動的な概念）」として、$x-1$ はほとんど0に近い値ではあっても0ではないから割ることはできるし、$x-1$ はほとんど0に近いから $x \to 1$（$x=1$ ではないが非常に近い）を1に近似して考えようとしたのです。

（2） $x \to a$ の極限を求める

1次関数 $f(x) = x+2$ において、x の値が限りなく2に近づくとき、この関数の値は限りなく4に近づきますね。

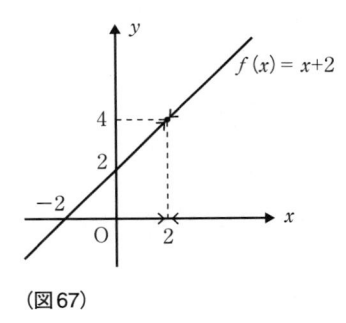

(図67)

このことを

$$\lim_{x \to 2} f(x) = \lim_{x \to 2} (x+2)$$

$= 4$ ⇐ このときxを右から近づけても左から近づけても、$f(x)$は4に近づいています！

のように表現しました。

また$f(2) = 4$ですから、$x = 2$においてももちろんこの関数は(図68)のように定義されています。

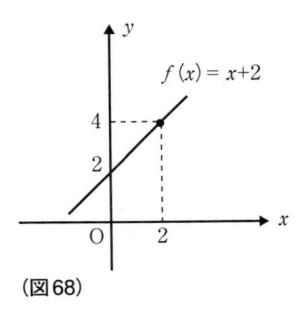

(図68)

今私たちはxをほとんど2だと思って計算することで、$\lim_{x \to 2} f(x)$の極限を求めることができましたが、

$$f(x) = \frac{x^2 - 4}{x - 2}$$

の極限を求めるときxを2に近づけると

$$\lim_{x \to 2} f(x) = \lim_{x \to 2} \frac{x^2 - 4}{x - 2} = \frac{0}{0}$$

のようになってしまいますね。

このとき分母の0も分子の0も0に近づいているだけで固定量の0（本物の0のイメージ）ではないので、分母分子を約分することができて

$$\lim_{x \to 2} f(x) = \lim_{x \to 2} \frac{x^2 - 4}{x - 2} = \frac{\cancel{0}}{\cancel{0}} = 1$$

のように思う方がいるかもしれません。

ですが残念ながらこれは正しくないのです。

なぜかというと、$x \to 2$の状況をもう少し具体的にいろいろ調べてみると$f(x) = \frac{x^2 - 4}{x - 2}$の値は

$$x = 2.1 \text{ のとき } f(x) = \frac{(2.1)^2 - 4}{2.1 - 2} = \frac{0.41}{0.1}$$

$$x = 2.01 \text{ のとき } f(x) = \frac{(2.01)^2 - 4}{2.01 - 2} = \frac{0.0401}{0.01}$$

$$x = 2.001 \text{ のとき} f(x) = \frac{(2.001)^2 - 4}{2.001 - 2} = \frac{0.004001}{0.001}$$

のように、たしかに x の値をどんどん 2 に近づけていくと、分母も分子も 0 に近づいてはいるのですが、同じ値で 0 に近づいているわけではありませんね。

つまり $x \to 2$ のとき（x が限りなく 2 に近づくとき）分母と分子が 0 に近づいているように見えても同じ値ではないので、$\frac{0}{0} = 1$ というわけにはいかないのです。

このように極限を調べようとすると形式的に $\frac{0}{0}$ の形になるものを**不定形**（ほかの形のものもあります）といいます。けれどもこの形は次のように変形することで極限が求められることをみなさんはすでに (1) で学んでいます。

$$\lim_{x \to 2} f(x) = \lim_{x \to 2} \frac{x^2 - 4}{x - 2}$$

$$= \lim_{x \to 2} \frac{(x+2)(x-2)}{x-2} \Leftarrow \text{$x-2$ は限りなく 0 に近づくが 0 ではない}$$

$$= \lim_{x \to 2} (x+2) = 4 \Leftarrow \text{x は限りなく 2 に近づく}$$

そして関数 $f(x) = \frac{x^2 - 4}{x - 2}$ のグラフのグラフは $x \neq 2$ のとき

$$f(x) = \frac{(x+2)(x-2)}{x-2} = x+2$$

であり、$x=2$では定義できないこともわかっていて、グラフは（図69）のようになりますね。

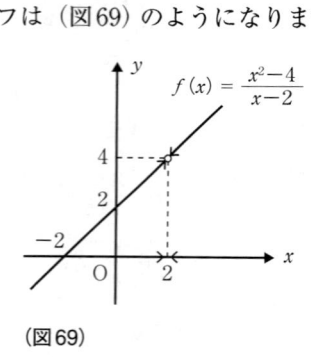

(図69)

ところで、$\frac{0}{0}$の形の不定形は必ず極限値が存在するというわけではありません。

$$f(x) = \frac{x^2-4}{x-2} \quad \cdots ⓐ$$

$$f(x) = \frac{(x-1)^2}{x^2-x} \quad \cdots ⓑ$$

$$f(x) = \frac{x^2+x}{x^2} \quad \cdots ⓒ$$

の3つの関数の極限値を考えてみましょう。

$$f(x) = \frac{x^2-4}{x-2} \quad \cdots ⓐ$$

の極限値はすでに

第1章　微分

$$\lim_{x \to 2} f(x) = \lim_{x \to 2} \frac{x^2-4}{x-2} = \lim_{x \to 2} \frac{(x+2)\cancel{(x-2)}}{\cancel{x-2}}$$

$$= \lim_{x \to 2} (x+2) = 4 \quad \cdots \text{ⓐ}'$$

とわかっていますね。

この様子はⓐのグラフが右図のようになることで$x \to 2$の状況がつかめています。このとき気をつけてほしいのはxが2に近づくとき2の右側から近づいても($x \to 2+0$と表す)、2の左側から近づいても($x \to 2-0$と表す)、どちらからでもy座標は4に近づいているということです。

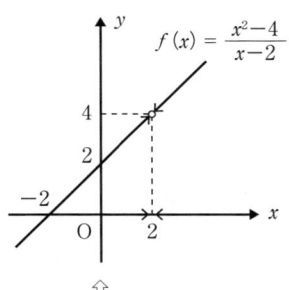

⇧
xが2の右から近づいても
xが2の左から近づいても
y座標は4に近づいて
いますが、$x \neq 2$なので
y座標は4にはなりません！

(図70)

次に
$$f(x) = \frac{(x-1)^2}{x^2-x} \quad \cdots \text{ⓑ}$$
の極限を考えてみます。

$x \to 1$のとき、ⓑの分母も分子も0に近づいていきますから$\frac{0}{0}$の形の不定形です。

ⓑ式を変形していくと、

91

$$\begin{aligned}
\lim_{x \to 1} f(x) &= \lim_{x \to 1} \frac{(x-1)^2}{x^2-x} \\
&= \lim_{x \to 1} \frac{(x-1)^2}{x(x-1)} \\
&= \lim_{x \to 1} \frac{x-1}{x} \\
&= \frac{0}{1} = 0 \quad \cdots \text{ⓑ}'
\end{aligned}$$

$x-1$は限りなく0に近づくが0ではない！

ですから極限値は0になります。

これはグラフ的にはどういう状況になっているかというと、

$$f(x) = \frac{(x-1)^2}{x^2-x} \quad \cdots \text{ⓑ}$$

のグラフは$x=0$と$x=1$では分母を0にするので定義されず、$x \neq 1$のとき分母・分子が約分できて

$$f(x) = \frac{(x-1)^2}{x(x-1)} = \frac{x-1}{x} \quad \Leftarrow x-1 \neq 0 \text{で約分}$$

$$= 1 - \frac{1}{x} = \frac{-1}{x} + 1$$

であり、

第1章 微分

これは原則1で示したように

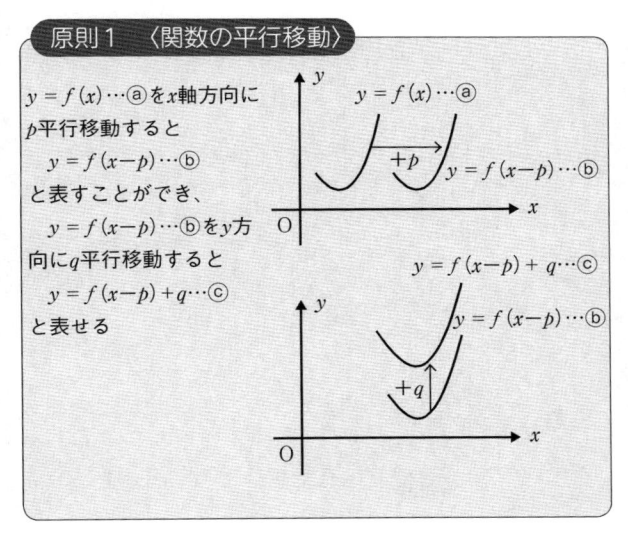

> **原則1** 〈関数の平行移動〉
>
> $y = f(x)\cdots$ⓐをx軸方向に
> p平行移動すると
> $\quad y = f(x-p)\cdots$ⓑ
> と表すことができ、
> $\quad y = f(x-p)\cdots$ⓑをy方
> 向にq平行移動すると
> $\quad y = f(x-p)+q\cdots$ⓒ
> と表せる

ですから、$f(x) = \dfrac{-1}{x} + 1$ のグラフは $y = \dfrac{-1}{x}$ のグラフをy軸方向に1平行移動して得られ、(図71)のようになります($x = 1$では定義されません)。

すると$x \to 1+0$(1に右側から近づく)のときも、$x \to 1-0$(1に左側から近づく)ときも、$f(x) \to 0$であることがはっきりと認識できますね。

93

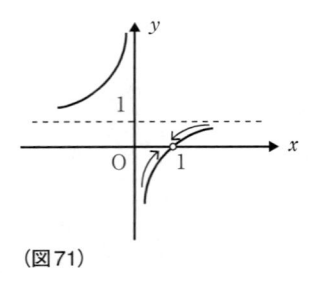

(図71)

では
$$f(x) = \frac{x^2+x}{x^2} \quad \cdots ⓒ$$

についてはどうでしょうか。

ⓒについても $x \to 0$ のとき、$\frac{0}{0}$ の形の不定形になっています。今までと同じように調べていくと

$$\lim_{x \to 0} f(x) = \lim_{x \to 0} \frac{x^2+x}{x^2}$$

$$= \lim_{x \to 0} \frac{x(x+1)}{x^2}$$

$$= \lim_{x \to 0} \frac{x+1}{x}$$

xは限りなく0に近づくが$x \neq 0$なので約分できる！

となりますが、ここでxを0に近づけるとこの値はいくらになるでしょうか。

まず気づいてほしいのは $x \to 0$ の状況です。

第1章 微分

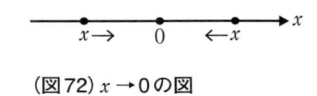

(図72) $x \to 0$ の図

$x \to 0$ というとき、x が 0 に右側から近づくと

$x = 0.1 \Rightarrow 0.01 \Rightarrow 0.001 \Rightarrow 0.0001 \Rightarrow \cdots\cdots$

となりますが、

$x \to 0$ で x が 0 に左側から近づくと

$x = -0.1 \Rightarrow -0.01 \Rightarrow -0.001 \Rightarrow -0.0001 \Rightarrow \cdots\cdots$

のようになりますね。

すると $\dfrac{x+1}{x}$ の値は

$x = 0.1$ のとき $\quad \dfrac{0.1+1}{0.1} = 11$

$x = 0.01$ のとき $\quad \dfrac{0.01+1}{0.01} = 101$

$x = 0.001$ のとき $\quad \dfrac{0.001+1}{0.001} = 1001$

$x = 0.0001$ のとき $\quad \dfrac{0.0001+1}{0.0001} = 10001$

のように x が右側から 0 に近づけば近づくほど $\dfrac{x+1}{x}$ の値はどんどん大きくなりますね。これを $+\infty$ に**発散**するといいます。同様に $\dfrac{x+1}{x}$ の値は

$x = -0.1$ のとき　　-9

$x = -0.01$ のとき　-99

$x = -0.001$ のとき　-999

$x = -0.0001$ のとき　-9999

となりますから、x が左側から 0 に近づけば近づくほど $\dfrac{x+1}{x}$ の値はどんどん小さくなります。このときは $-\infty$ に発散していますね。

このように $f(x) = \dfrac{x^2+x}{x^2} = \dfrac{x+1}{x}$ …ⓒ の値は

$$\lim_{x \to +0} f(x) = \lim_{x \to +0} \frac{x(x+1)}{x^2} = \lim_{x \to +0} \frac{x+1}{x} = +\infty$$

$$\lim_{x \to -0} f(x) = \lim_{x \to -0} \frac{x(x+1)}{x^2} = \lim_{x \to -0} \frac{x+1}{x} = -\infty$$

となり、x が右側から 0 に近づくと $+\infty$、左側から 0 に近づくと $-\infty$ に発散していて、ある一定値には収束しておらず、解は 2 つではなく、存在しません。

これをグラフ的に考察すると $f(x) = \dfrac{x^2+x}{x^2}$ …ⓒ

のグラフは、分母を 0 とする $x = 0$ では定義されず、$x \neq 0$ のとき

$$f(x) = \frac{x^2+x}{x^2} = \frac{x+1}{x} = 1 + \frac{1}{x} = \frac{1}{x} + 1$$

と変形すると、再び原則1を利用して

$y = \dfrac{1}{x}$ のグラフを y 軸方向に1平行移動

したグラフになりますから

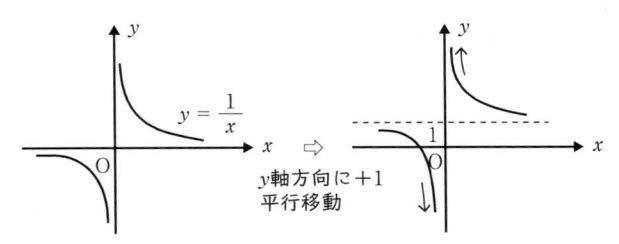

(図73)

　右側のグラフのように、$x \to +0$（右側から0に近づく）のときと、$x \to -0$（左側から0に近づく）のときの様子をみると、$f(x)$ が一定値には近づかず、極限値が存在しないことがよくわかりますね。

　これは極限を考える上でとても重要なことで、

$$f(x) = \frac{x^2-4}{x-2} \cdots ⓐ, \ f(x) = \frac{(x-1)^2}{x^2-x} \cdots ⓑ$$

$$f(x) = \frac{x^2+x}{x^2} \cdots ⓒ$$

の極限は、いずれも $\dfrac{0}{0}$ の形の不定形であるにもかかわらず、

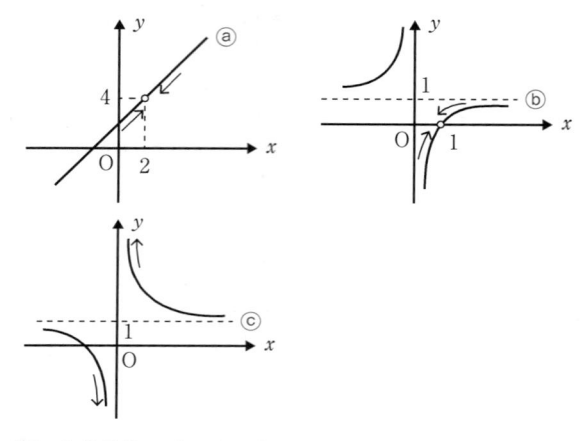

(図74) ⓐⓑⓒのグラフの様子

のように、ⓐは右からも左からも4に収束、ⓑは右からも左からも0に収束、そしてⓒは発散しているのです。

(3) $x \to \infty$ ではどうなるか

私たちは前節の (2) で $x \to a$ というとき、あくまで x が a に限りなく近づいているのであって、$x = a$ を代入して $f(x)$ の極限を調べているのではないことを学びました。そして $x \to a$ というとき、a に右から近づく場合と左から近づく場合で極限が一致したり一致しなかったりすることがあることも知りましたね。

ではxをどんどん大きくしたり（$x \to +\infty$）、xをどんどん小さくしたり（$x \to -\infty$）すると関数$f(x)$はどのような極限になるでしょうか。このときに一番必要になる考えは$\frac{1}{x}$の極限なんです。

これまで見てきたように$f(x) = \frac{1}{x}$のグラフは右図のようで、$f(x) = \frac{1}{x}$において$x \to +\infty$（このときは$x \to \infty$とも書きます）であればy座標はどんどん上側から0に収束していますから

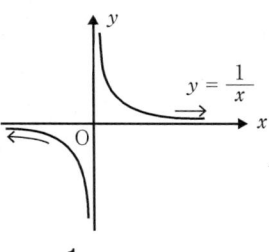

（図75）$\frac{1}{x}$のグラフ

$$\lim_{x \to \infty} \frac{1}{x} = +0$$

ですね。また$x \to -\infty$であればy座標はどんどん下側から0に収束していますから

$$\lim_{x \to -\infty} \frac{1}{x} = -0$$

になっています。つまり$\frac{1}{x}$は$x \to \infty$でも$x \to -\infty$でも0に収束していきますから

$$\lim_{x \to \pm\infty} \frac{1}{x} = 0 \quad \cdots (*)$$

ですね。これが$x \to \infty$や$x \to -\infty$の極限を考える上での基本になります。

具体的に次の3つの関数

$$f(x) = \frac{x^2+x+5}{6x^2+3x+4} \cdots ⓐ$$

$$f(x) = \frac{2x-3}{x^2+x-1} \cdots ⓑ$$

$$f(x) = \frac{2x^2-x+5}{3x-4} \cdots ⓒ$$

で$x \to \infty$, $x \to -\infty$の様子を考察してみましょう。

$$f(x) = \frac{x^2+x+5}{6x^2+3x+4} \cdots ⓐ$$

は$x \to \infty$のとき、分母も分子も∞になっていきそうです。

しかし、このとき$\frac{\infty}{\infty}$を分母と分子を約分して$\frac{\infty}{\infty}=1$とはしません。どうしてかというと分母と分子がともに∞になっていくとしても、そのスピードが違うからです。

たとえば$\lim_{x \to \infty} \frac{x}{x^2}$を考えるとわかりやすいのですが、

$x \to \infty$のとき

$x \to \infty$

$x^2 \to \infty$

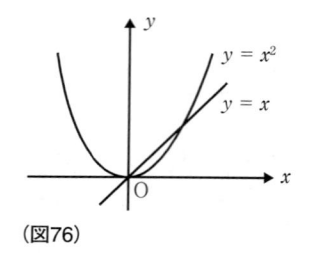

(図76)

になっていても x^2 のほうが圧倒的に早くどんどん大きくなっていきますね。

つまり $\frac{\infty}{\infty}$ であっても分母と分子の∞の様子には違いがあって同じ値ではありませんから、約分して 1 というわけにはいきません。この形も不定形といいます。

では $f(x) = \frac{x^2+x+5}{6x^2+3x+4}$ …ⓐ について $x \to \infty$ の極限はどうするかというと、分数の武器である約分を使います。分母と分子を x^2 で約分して式の形に $\frac{1}{x}, \left(\frac{1}{x}\right)^2$ を作り出すと p.99 の（*）の式が使えて

$$\lim_{x \to \infty} f(x) = \lim_{x \to \infty} \frac{x^2+x+5}{6x^2+3x+4}$$

$$= \lim_{x \to \infty} \frac{x^2\left(1+\frac{1}{x}+\frac{5}{x^2}\right)}{x^2\left(6+\frac{3}{x}+\frac{4}{x^2}\right)}$$

$$= \lim_{x \to \infty} \frac{1+\frac{1}{x}+5\cdot\left(\frac{1}{x}\right)^2}{6+3\cdot\frac{1}{x}+4\cdot\left(\frac{1}{x}\right)^2}$$

$$\lim_{x \to \infty} \frac{1}{x} = 0$$
$$\lim_{x \to \infty} \left(\frac{1}{x}\right)^2 = 0$$

$$= \frac{1+0+5\cdot 0^2}{6+3\cdot 0+4\cdot 0} = \frac{1}{6}$$

のようにⓐの極限は $\frac{1}{6}$ になるのですね。

では $f(x) = \dfrac{2x-3}{x^2+x-1}$ …ⓑ を $x \to \infty$ にするとどうなるでしょう。ⓐと同様に考えていくと、

$$\lim_{x \to \infty} f(x) = \lim_{x \to \infty} \frac{2x-3}{x^2+x-1}$$

> 分母の最高次
> x^2 でくくるのが
> 要領です！

$$= \lim_{x \to \infty} \frac{x^2\left(\dfrac{2}{x} - \dfrac{3}{x^2}\right)}{x^2\left(1 + \dfrac{1}{x} - \dfrac{1}{x^2}\right)}$$

$$= \lim_{x \to \infty} \frac{2 \cdot \dfrac{1}{x} - 3\left(\dfrac{1}{x}\right)^2}{1 + \dfrac{1}{x} - \left(\dfrac{1}{x}\right)^2}$$

$$= \frac{2 \cdot 0 - 3 \cdot 0^2}{1 + 0 + 0} = \frac{0}{1} = 0$$

ですから0に収束することがわかりますね。

また $f(x) = \dfrac{2x^2-x+5}{3x-4}$ …ⓒを $x \to -\infty$ にすると

$$\lim_{x \to -\infty} f(x) = \lim_{x \to -\infty} \frac{x\left(2x-1+\dfrac{5}{x}\right)}{x\left(3-\dfrac{4}{x}\right)}$$

$$= \lim_{x \to -\infty} \frac{2x-1+5 \cdot \dfrac{1}{x}}{3-4 \cdot \dfrac{1}{x}} \Rightarrow \frac{2(-\infty)+5 \cdot 0}{3-4 \cdot 0}$$

$$= -\infty \qquad\qquad\qquad\qquad = \frac{-2\infty}{3}$$

となり、今度は$-\infty$に発散することがわかりました。

　さて以上で私たちは高校数学の基本的な極限の考え方を学ぶことができましたので、実際に入試問題を使って今までの知識を応用してみることにします。

> 問題1
>
> 次の極限値を求めよ。
>
> (1) $\lim_{x \to 1} \dfrac{2x^2 - 5x + 3}{x^2 + 2x - 3}$
>
> (2) $\lim_{x \to 2} \dfrac{\sqrt{x+7} - 3}{x - 2}$

(解) (1) $\lim_{x \to 1} \dfrac{2x^2 - 5x + 3}{x^2 + 2x - 3} \Rightarrow \dfrac{2 - 5 + 3}{1 + 2 - 3} = \dfrac{0}{0}$ の不定形

$= \lim_{x \to 1} \dfrac{(2x - 3)\cancel{(x-1)}}{(x + 3)\cancel{(x-1)}}$ ⇐ 0になる要素が約分できます

$= \dfrac{2 - 3}{1 + 3} = -\dfrac{1}{4}$

(2) $\lim_{x \to 2} \dfrac{\sqrt{x+7} - 3}{x - 2} \Rightarrow \dfrac{\sqrt{9} - 3}{2 - 2} = \dfrac{0}{0}$ の不定形

$= \lim_{x \to 2} \dfrac{(\sqrt{x+7} - 3)(\sqrt{x+7} + 3)}{(x - 2)(\sqrt{x+7} + 3)}$ ⇐ 式の形を変えます！

$= \lim_{x \to 2} \dfrac{(x + 7) - 9}{(x - 2)(\sqrt{x+7} + 3)}$

$= \lim_{x \to 2} \dfrac{\cancel{x-2}}{\cancel{(x-2)}(\sqrt{x+7} + 3)}$ ⇐ 0になる要素が約分できます

$= \lim_{x \to 2} \dfrac{1}{\sqrt{x+7} + 3} = \dfrac{1}{6}$

$\left(\begin{array}{l} \text{いずれも}\dfrac{0}{0}\text{の形の不定形ですね。ポイントは0になる要因の} \\ \text{式を約分して消去することです} \end{array} \right)$

第1章　微分

> **問題2**
>
> 次の極限値を求めよ。
>
> (1) $\lim_{x \to \infty} \dfrac{x^2 - x + 1}{x^2 + x + 1}$
>
> (2) $\lim_{x \to \infty} (\sqrt{x^2 - x + 1} - x)$

(解) (1) $\lim_{x \to \infty} \dfrac{x^2 - x + 1}{x^2 + x + 1}$ ⇒ このままでは $\dfrac{\infty}{\infty}$ の不定形ですね

$= \lim_{x \to \infty} \dfrac{x^2(1 - \dfrac{1}{x} + \dfrac{1}{x^2})}{x^2(1 + \dfrac{1}{x} + \dfrac{1}{x^2})}$ ← x^2 でくくって $\dfrac{1}{x}, \left(\dfrac{1}{x}\right)^2$ の形を作ります

$= \lim_{x \to \infty} \dfrac{1 - \dfrac{1}{x} + \left(\dfrac{1}{x}\right)^2}{1 + \dfrac{1}{x} + \left(\dfrac{1}{x}\right)^2} = \dfrac{1 - 0 + 0}{1 + 0 + 0} = 1$

(2) $\lim_{x \to \infty} (\sqrt{x^2 - x + 1} - x)$ ⇒ このままでは $\infty - \infty$ の不定形です！

$= \lim_{x \to \infty} \dfrac{(\sqrt{x^2 - x + 1} - x)(\sqrt{x^2 - x + 1} + x)}{(\sqrt{x^2 - x + 1} + x)}$ ← 式の形を変えます

$= \lim_{x \to \infty} \dfrac{(x^2 - x + 1) - x^2}{\sqrt{x^2 - x + 1} + x}$

$= \lim_{x \to \infty} \dfrac{-x + 1}{\sqrt{x^2 - x + 1} + x}$ ← $\dfrac{-\infty}{\infty}$ の不定形ですね

$= \lim_{x \to \infty} \dfrac{x(-1 + \dfrac{1}{x})}{\sqrt{x^2(1 - \dfrac{1}{x} + \dfrac{1}{x^2})} + x}$

105

$$= \lim_{x \to \infty} \frac{\cancel{x}_1(-1+\dfrac{1}{x})}{\cancel{x}_1\sqrt{1-(\dfrac{1}{x})+(\dfrac{1}{x})^2}+\cancel{x}_1}$$

$$= \frac{-1+0}{\sqrt{1-0+0}+1} = -\frac{1}{2}$$

$\left(\begin{array}{l}\text{今度は}\dfrac{\infty}{\infty}\text{の形、}\infty-\infty\text{の形の不定形でした。}\infty-\infty\text{の形は式}\\ \text{の形を変えて}\dfrac{\infty}{\infty}\text{の形にもっていきます。}\end{array}\right)$

第1章 微分

> **問題3**
>
> $\lim_{x\to 1} \dfrac{\sqrt[3]{x}-1}{\sqrt{x}-1}$ を求めよ。（大阪大）

(解) まず式の形を変えましょう。$\sqrt[3]{x}$ は3乗すると x です！ そのために使う公式は

$$(a-b)(a^2+ab+b^2)=a^3-b^3$$

$$\Downarrow$$

$$(\sqrt[3]{x}-1)\{(\sqrt[3]{x})^2+\sqrt[3]{x}\cdot 1+1^2\}=(\sqrt[3]{x})^3-1^3=x-1$$

だと気づきたいのですが、いかがでしたか。

$\lim_{x\to 1} \dfrac{\sqrt[3]{x}-1}{\sqrt{x}-1}$

$= \lim_{x\to 1} \dfrac{(\sqrt[3]{x}-1)\{(\sqrt[3]{x})^2+\sqrt[3]{x}+1\}}{(\sqrt{x}-1)\{(\sqrt[3]{x})^2+\sqrt[3]{x}+1\}}$

$= \lim_{x\to 1} \dfrac{x-1}{(\sqrt{x}-1)\{(\sqrt[3]{x})^2+\sqrt[3]{x}+1\}}$ 　　$\sqrt{x}-1$を有理化！

$= \lim_{x\to 1} \dfrac{(x-1)(\sqrt{x}+1)}{(\sqrt{x}-1)(\sqrt{x}+1)\{(\sqrt[3]{x})^2+\sqrt[3]{x}+1\}}$

$= \lim_{x\to 1} \dfrac{(x-1)(\sqrt{x}+1)}{(x-1)\{(\sqrt[3]{x})^2+\sqrt[3]{x}+1\}}$

$= \lim_{x\to 1} \dfrac{\sqrt{x}+1}{\{(\sqrt[3]{x})^2+\sqrt[3]{x}+1\}} = \dfrac{1+1}{1+1+1} = \dfrac{2}{3}$

↘ $\sqrt[3]{1}$ は $1^{\frac{1}{3}}=1$ です

3. 微分係数と導関数

さていよいよ微分についてお話をしていきます。

ある関数 $f(x)$ があるとき、この関数の $f'(x)$ を求めることを

↓

　　　　　　　　f ダッシュ x のように読みます

微分するというのですが、もちろん突然 $f'(x)$ といわれても何のことかわかりませんね。

また第2章で

1. **基本的な関数の形**
2. **極限とは何か**

について触れてきましたが、関数 $f(x)$ と極限が微分にどんな関わりがあるのかについては何も説明しませんでした。

そこでこれらがつながるように、微分係数という言葉と導関数という言葉からお話ししていきます。

(1) 微分係数とは何か

今ここにある関数 $f(x)$ があって、点 A $(a, f(a))$ を曲線上にとります。

第1章　微分

　次にx座標を$a+h$として、曲線上に点P$(a+h, f(a+h))$をとってみましょう。

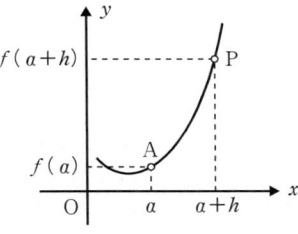

　ここでhをどんどん小さくしていくと、点Pの位置は曲線$f(x)$上をどのように動いていきますか。

（図77）

　hを小さくすればするほど、点Pのx座標がaに近づいていきますから、曲線上にある点Pは曲線$f(x)$上をすべるように点Aに近づいていきます。

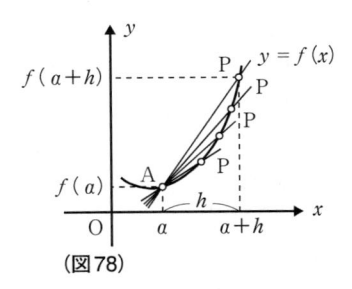

（図78）

　このとき動点Pを○、定点Aを●で表すと、Pが動くことにより直線APの傾きが変化していくことがわかるでしょう。

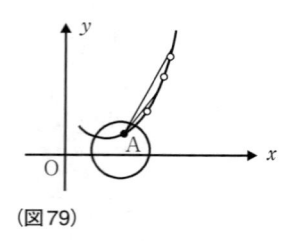

(図79)

　そして点Pが限りなく点Aに近づくと、直線APは点Aにおける接線に近づいていきます。

（図79）の円内の様子を拡大してみると

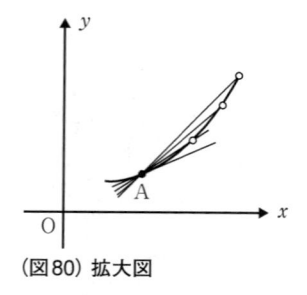

(図80) 拡大図

のようになり、確かに直線APは接線に近づいていますね。

　このとき直線APの傾きはp.48でお話したように、

$$(\text{AP の傾き}) = \frac{f(a+h) - f(a)}{h} \quad \cdots ①$$

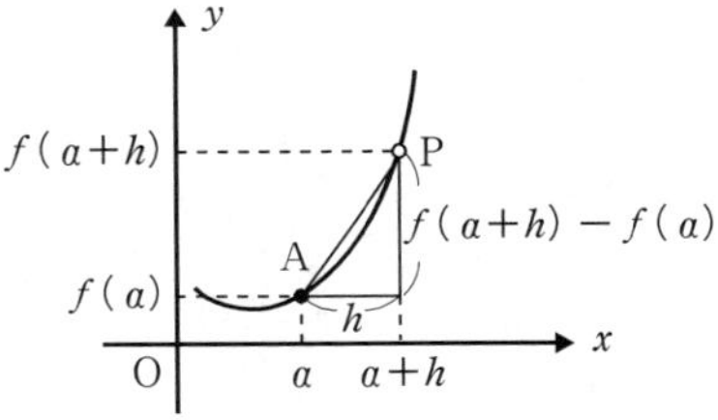

(図81)

で表すことができましたよね。

ここで①式について h を限りなく 0 に近づけた式は

$$\lim_{h \to 0} \frac{f(a+h) - f(a)}{h} \quad \cdots ②$$

と表現すればいいですよね。この②式を計算したときに収束して極限値が存在したとします。その値のことを $f'(a)$ と表して、$x = a$ における微分係数といいます。

つまり、関数 $f(x)$ において、$x = a$ における点 A $(a, f(a))$ をとり、$x = a$ から h 離れた $x = a+h$ における点 P $(a+h, f(a+h))$ をとって直線 AP の傾き

$$(\text{AP の傾き}) = \frac{f(a+h) - f(a)}{h} \quad \cdots ①$$

を作り、h を限りなく0に近づけていったときの極限値を

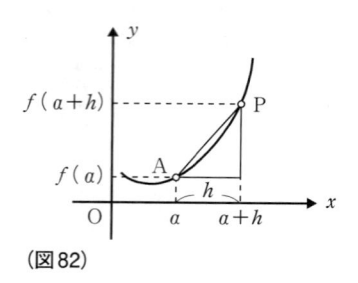

(図82)

$$\lim_{h \to 0} \frac{f(a+h) - f(a)}{h} = f'(a)$$

と書くわけですね。

すると h をどんどん0に近づけるとき、直線 AP は A における接線 ℓ に近づくのですから、微分係数 $f'(a)$ は $x = a$ における関数 $f(x)$ の接線の傾きを表すことがわかります。

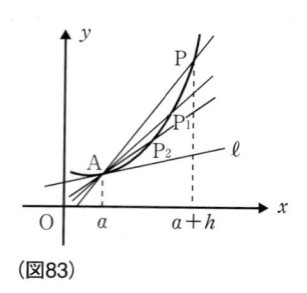

(図83)

ここでちょっと考えていただきたいのは接線とは何

かという問題です。私たちは今ここで何気なく $h \to 0$ とすると P が A にどんどん近づき、直線 AP の傾きが点 A における傾きに近づくと考えていますが、そもそも A における接線とはどのようなものでしょう。下図における接線は感覚的になんとなく引いていますよね。つまり実はまだ接線というものを定義していなかったのです。

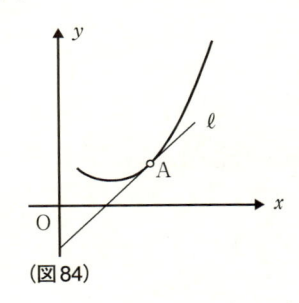

(図84)

今私たちは

$$\lim_{h \to 0} \frac{f(a+h) - f(a)}{h} = f'(a) \quad \cdots (\ast)$$

と $x = a$ における微分係数を定義しましたね。この値を改めて点 A を通る直線の傾きとし、この傾きを持った直線のことを、A における接線とします。

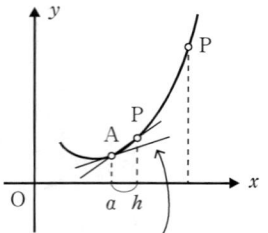

h→0にしたときにAPの傾き $f'(a)$ を
Aにおける接線の傾きと決めます！

(図85)

するとp.61で学んだように

原則2 〈2点を通る直線の式〉

$A(a_1, a_2)$、$B(b_1, b_2)$ を通る直線は

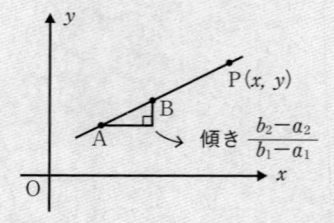

傾き $\dfrac{b_2-a_2}{b_1-a_1}$

傾き $\dfrac{b_2-a_2}{b_1-a_1}$ と $A(a_1, a_2)$ を用いて

$$y = \frac{b_2-a_2}{b_1-a_1}(x-a_1) + a_2$$

↑
傾き

↰ $A(a_1, a_2)$ の座標

と表せる

でしたから、この知識を用いると点A$(a, f(a))$における接線の式は、傾きが微分係数$f'(a)$であることに注意して、

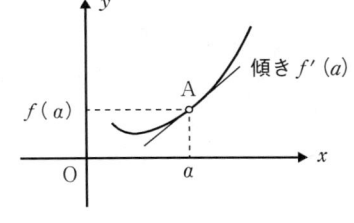

(図86) Aと傾きの図

$$y - f(a) = f'(a)(x - a) \cdots (**)$$

と表すことができますね。そしてこの式を点Aにおける接線の式と定義するのです。

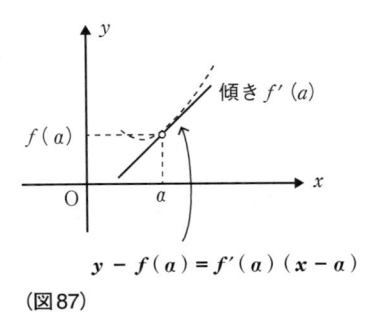

$$y - f(a) = f'(a)(x - a)$$

(図87)

さて話を元に戻しましょう。私たちはある関数$f(x)$で表された曲線の、$x = a$における微分係数、すなわち$x = a$における接線の傾きの値を求めることが

できるようになりました。すると $f(x) = x^2$ という関数の、$x = 1$, $x = 2$, $x = 3$ ……における微分係数（接線の傾き）をそれぞれ求めることができますね。$f(x) = x^2$ ですから、

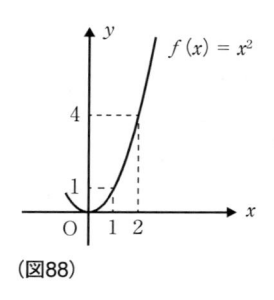

(図88)

$$f'(a) = \lim_{h \to 0} \frac{f(a+h) - f(a)}{h}$$

$$= \lim_{h \to 0} \frac{(a+h)^2 - a^2}{h} \cdots (*)$$

を用いると

$$f'(1) = \lim_{h \to 0} \frac{(1+h)^2 - 1^2}{h} = \lim_{h \to 0} \frac{2h + h^2}{h}$$

$$= \lim_{h \to 0} (2+h) = 2$$

$$f'(2) = \lim_{h \to 0} \frac{(2+h)^2 - 2^2}{h} = \lim_{h \to 0} \frac{4h + h^2}{h}$$

$$= \lim_{h \to 0} (4+h) = 4$$

$$f'(3) = \lim_{h \to 0} \frac{(3+h)^2 - 3^2}{h} = \lim_{h \to 0} \frac{6h + h^2}{h}$$

$$= \lim_{h \to 0} (6+h) = 6$$

のように $x=1$, $x=2$, $x=3$, ……における接線の傾きがそれぞれ、2, 4, 6……となりますね。

すると接線の定義式

$$y - f(a) = f'(a)(x-a) \cdots (\ast\ast)$$

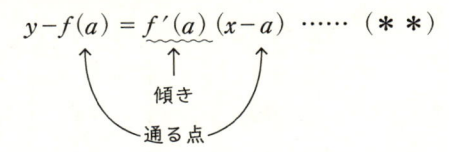

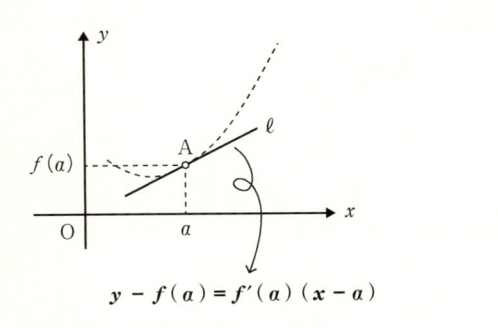

傾き
通る点

(図89) 接線の定義図

$$y - f(a) = f'(a)(x-a)$$

を用いて、点 $(1, 1)$, $(2, 4)$, $(3, 9)$ ……における接線の式は

$$y - 1 = 2(x-1) \Leftrightarrow y = 2x - 1 \cdots ①$$

$f'(1)$
（傾き）
通る点

$$y - 4 = 4(x - 2) \quad \Leftrightarrow y = 4x - 4 \cdots ②$$
$$y - 9 = 6(x - 3) \quad \Leftrightarrow y = 6x - 9 \cdots ③$$

のようになりますね。

同様にして様々な点における接線の式を求めることができますから、これらを各点における接線として右図のように描いていくと、関数 $f(x) = x^2$ の形がおぼろげに見えてきますね。こうして私たちは、微分係数を求めることにより、接線の式を決定しグラフに書いていくことで、その関数の大雑把な形を把握することができるところまでたどり着きました。

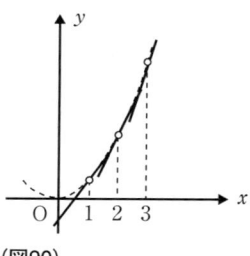

(図90)

(2)導関数とは何か

今私たちは関数 $f(x) = x^2$ のグラフを調べるためにある点の

微分係数 ➡ 接線の式

を一つひとつ求め、それを図示することでこの関数のだいたいの形を推定することができるようになりましたが、各点における微分係数を毎回

第1章　微分

$$f'(a) = \lim_{h \to 0} \frac{(a+h)^2 - a^2}{h} \cdots (*)$$

の式から求めるのはかなり面倒です。

下図のようにある関数$f(x)$があるとします。この曲線上に点Pを取りx座標をxとしますと、そのときのy座標は$f(x)$ですね。

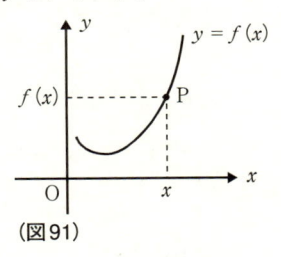

(図91)

次に曲線上に点Qをとり、x座標を$x+h$とするとy座標は$f(x+h)$ですね。このとき$h \to 0$とすると、点Qは曲線上を動きながらどんどん点Pに近づいていきます。

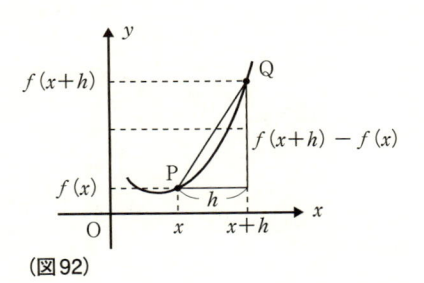

(図92)

119

すると直線PQの傾きは

$$(\text{PQ の傾き}) = \frac{f(x+h) - f(x)}{h}$$

ですから、$h \to 0$のときの極限は

$$\lim_{h \to 0} \frac{f(x+h) - f(x)}{h}$$

になります。この値が存在するときこれを$f'(x)$と表します。つまり、

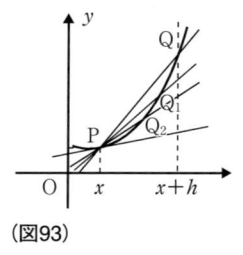

(図93)

$$f'(x) = \lim_{h \to 0} \frac{f(x+h) - f(x)}{h} \cdots (***)$$

ですね。この$f'(x)$のことを**導関数**といい、$f'(x)$を求めることを**微分する**というのです。

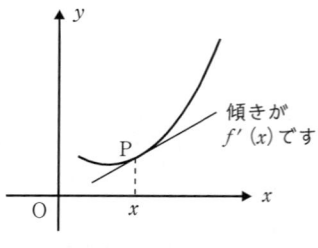

(図94) 導関数の図

第1章 微分

ではこれを用いて具体的に関数 $f(x) = x^2$ を微分してみましょう。

関数 $f(x) = x^2$ ですから

$$f'(x) = \lim_{h \to 0} \frac{f(x+h) - f(x)}{h} \cdots (***)$$

に当てはめて考えると

$f(x) = x^2$ より
$f(x+h) = (x+h)^2$ です！

$$f'(x) = \lim_{h \to 0} \frac{(x+h)^2 - x^2}{h}$$

h は限りなく0に近い

$$= \lim_{h \to 0} \frac{2hx + h^2}{h} = \lim_{h \to 0} (2x + h) = 2x$$

つまり $f(x) = x^2$ を微分すると $2x$ になることがわかりました。これはイメージ的には下図のように、点Pにおける接線の傾きがわかるということですね。

そこで
$$f'(x) = 2x$$
を用いてやれば、$x = 1$, $x = 2$, $x = 3$, …… のときの点 $(1, 1)$, $(2, 4)$, $(3, 9)$, ……における微分係数（接線の傾き）は一瞬で

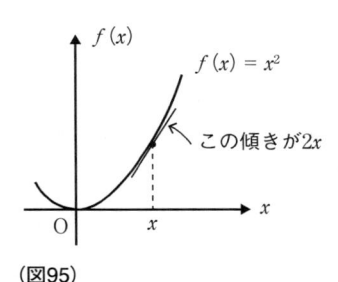

（図95）

121

$f'(1) = 2 \times 1 = 2$

$f'(2) = 2 \times 2 = 4$

$f'(3) = 2 \times 3 = 6$

のように得られ、p.117の接線の式である①，②，③……もすぐに求めることができて、右図のように$f(x) = x^2$の大雑把な形が調べやすくなったのです。

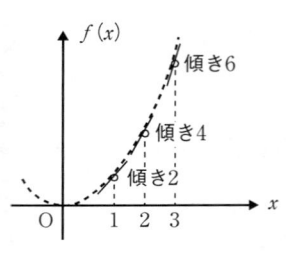

（図96）

ここで微分係数と導関数についてもういちど整理しておきます。とくに導関数の定義はとても重要なのでしっかりと記憶してください。

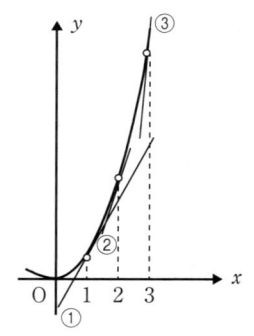

（図97）

第1章 微分

原則3 〈微分係数と導関数〉

微分係数 $f'(a)$

$$f'(a) = \lim_{h \to 0} \underbrace{\frac{f(a+h)-f(a)}{h}}_{\text{APの傾き}}$$

↑
$x=a$における接線の傾き

導関数 $f'(x)$

$$f'(x) = \lim_{h \to 0} \underbrace{\frac{f(x+h)-f(x)}{h}}_{\text{PQの傾き}}$$

↑
$\mathrm{P}(x, f(x))$における接線の傾き

(3)接線から曲線を推定する

 (2)で私たちは導関数を求めることを微分するというのだと学びました。先ほどはわかりやすい関数として$f(x) = x^2$で説明しましたが、今度は$f(x) = \sqrt{x}$の曲線のだいたいの形を推定してみることにしましょう。

　まず今度は$f(x) = \sqrt{x}$の導関数を求めてみます。

$$f'(x) = \lim_{h \to 0} \frac{f(x+h) - f(x)}{h} \cdots (***)$$

でしたから、$f(x) = \sqrt{x}$を当てはめて計算すると、

$$\begin{aligned}
f'(x) &= \lim_{h \to 0} \frac{\sqrt{x+h} - \sqrt{x}}{h} \\
&= \lim_{h \to 0} \frac{(\sqrt{x+h} - \sqrt{x}) \times (\sqrt{x+h} + \sqrt{x})}{h \times (\sqrt{x+h} + \sqrt{x})} \\
&= \lim_{h \to 0} \frac{x+h-x}{h(\sqrt{x+h} + \sqrt{x})} \\
&= \lim_{h \to 0} \frac{\cancel{h}^{1}}{\cancel{h}(\sqrt{x+h} + \sqrt{x})} \\
&= \frac{1}{2\sqrt{x}}
\end{aligned}$$

が得られます。

すると $x=1$, $x=4$, $x=9$, ……における微分係数（接線の傾き）は

$f'(1) = \dfrac{1}{2}$, $f'(4) = \dfrac{1}{4}$, $f'(9) = \dfrac{1}{6}$……

ですから、点 $(1, 1)$, $(4, 2)$, $(9, 3)$, ……における接線の式はそれぞれ、

$$y - 1 = \dfrac{1}{2}(x-1) \Leftrightarrow y = \dfrac{1}{2}x + \dfrac{1}{2} \cdots ①$$

$$y - 2 = \dfrac{1}{4}(x-4) \Leftrightarrow y = \dfrac{1}{4}x + 1 \cdots ②$$

$$y - 3 = \dfrac{1}{6}(x-9) \Leftrightarrow y = \dfrac{1}{6}x + \dfrac{3}{2} \cdots ③$$

のようになり、これを下図のように図示すると

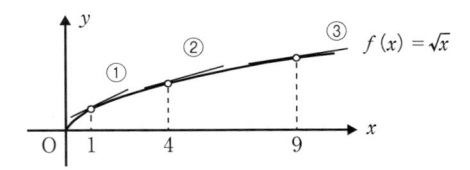

（図98）

$f(x) = \sqrt{x}$ のグラフの大雑把な形が少しずつ見えてきました。さらに多くの接線の式を求めてやれば、より詳しく $f(x) = \sqrt{x}$ の形がわかりそうです。

ここで私たちは微分を用いてグラフを描くための次

のステップにいくレベルに到達しました。それはよく用いられる関数の微分の公式化です。

4. 導関数を求める(微分する)テクニック

(1)公式を導く

　たとえば関数 $f(x) = x^3+3x^2+3x+1$ の曲線の様子を知るためにこの関数を微分したいとします。このまま定義に基づいて

$$f'(x) = \lim_{h \to 0} \frac{f(x+h) - f(x)}{h} \cdots (***)$$
$$= \lim_{h \to 0} \frac{\{(x+h)^3+3(x+h)^2+3(x+h)+1\} - (x^3+3x^2+3x+1)}{h}$$

の計算をするのはかなり面倒ですね。

　そこで、導関数の定義と極限計算だけから直接導ける微分の公式をまず4つ準備します。

　まず $f(x) = x^n$ の微分を考えます(n は正の整数)。学校でまだ二項定理と組合せの公式を教わっていない人は以下の証明は軽く流してください。

　二項定理というのは、$(a+b)^n$ の展開の仕方で、一般に $(a+b)^n$ を展開すると

$$(a+b)^n = {}_nC_0 a^n b^0 + {}_nC_1 a^{n-1} b^1 + {}_nC_2 a^{n-2} b^2 + \cdots$$

b は1ずつ増える
a は1ずつ減る

$$\cdots + {}_nC_{n-1} a^1 b^{n-1} + {}_nC_n a^0 b^n$$

> ${}_nC_0, {}_nC_1, {}_nC_2, \cdots$ は組み合わせを求める式で
> たとえばA,B,Cの3つから2つ取る組
> 合わせは ${}_3C_2$ と表し、
>
> $${}_3C_2 = \frac{3 \cdot 2}{2 \cdot 1} \;\leftarrow\text{3から2つ} \atop \leftarrow\text{2から1まで}$$
>
> $= 3\,(\text{通り})$
>
> $\hookleftarrow$ {A, B}, {A, C}, {B, C}
>
> 5つから2つ取るのであれば
>
> $${}_5C_2 = \frac{5 \cdot 4}{2 \cdot 1} = 10\,(\text{通り})$$
>
> また ${}_nC_0 = 1$, ${}_nC_n = 1$ と決めておきます。

のように展開することができます。

$(x+h)^n$ であれば、

$$(x+h)^n = {}_nC_0 x^n h^0 + {}_nC_1 x^{n-1} h^1 + {}_nC_2 x^{n-2} h^2 + \cdots$$
$$+ {}_nC_n x^0 h^n$$
$$= 1 \cdot x^n + \frac{n}{1} x^{n-1} h + \frac{n(n-1)}{2 \cdot 1} x^{n-2} h^2 + \cdots$$
$$+ 1 \cdot h^n$$

ということですね。

すると右辺の x^n を左辺に移項して、

$$(x+h)^n - x^n = nx^{n-1}h + \frac{n(n-1)}{2}x^{n-2}h^2 + \cdots\cdots + h^n$$

さらに両辺を h で割ると、

$$\frac{(x+h)^n - x^n}{h} = nx^{n-1} + \frac{n(n-1)}{2}x^{n-2}h + \cdots\cdots + h^{n-1}$$

になりますから $f(x) = x^n$ のとき、導関数は

$$\begin{aligned}(x^n)' &= f'(x) \\ &= \lim_{h \to 0} \frac{f(x+h) - f(x)}{h} \\ &= \lim_{h \to 0} \left\{ nx^{n-1} + \frac{n(n-1)}{2}x^{n-2}h + \cdots\cdots + h^{n-1} \right\} \\ &= nx^{n-1}\end{aligned}$$

代入

が成り立ちます。

実はこの式は n が正の整数でなくても、n が負の整数でも、また分数でも成り立っていて、一般に

$$(x^n)' = nx^{n-1} \cdots ⓐ$$

になっています。

つぎに定数関数 $f(x) = c$ の導関数は $f(x) = c$ のグラフが右図のように傾き 0 の直線になりますから、

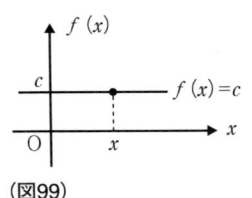

(図99)

$f'(x) = (c)' = 0 \cdots$ ⓑ

→ x座標をどこにとっても曲線上の点における
接線の傾きは常に0です

今度は、今ここに2つの関数$f(x)$と$g(x)$があって、ともに$f'(x)$, $g'(x)$が求められるとします。

→図形的にはxをどこにとっても

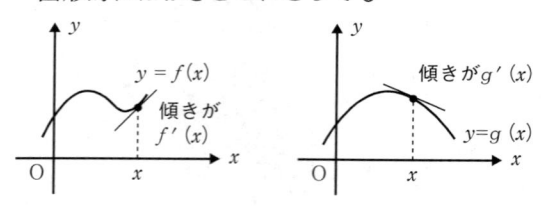

(図100)

のように傾きが存在するということですね。

このとき、
$$\{cf(x)\}' = cf'(x) \cdots \text{ⓒ}$$
$$\{f(x) \pm g(x)\}' = f'(x) \pm g'(x) \cdots \text{ⓓ}$$
が成り立ちます。

証明はどうするかというと、
$$cf(x) = F(x)$$
とおくと

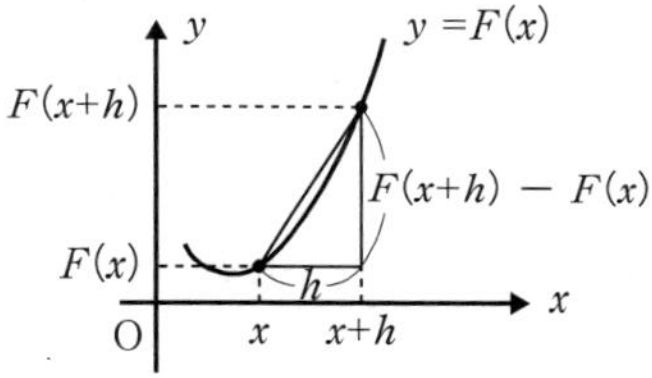

(図101)

$$\{cf(x)\}' = F'(x)$$

$$= \lim_{h \to 0} \frac{F(x+h) - F(x)}{h}$$

$$= \lim_{h \to 0} \frac{cf(x+h) - cf(x)}{h}$$

$\uparrow \begin{cases} F(x+h) = cf(x+h) \\ F(x) = cf(x) \end{cases}$

$$= \lim_{h \to 0} \frac{c\{f(x+h) - f(x)\}}{h}$$

$$= \lim_{h \to 0} c \cdot \frac{f(x+h) - f(x)}{h}$$

$$= cf'(x) \cdots ⓒ$$

がいえますね。

導関数の定義
$$\lim_{h \to 0} \frac{f(x+h) - f(x)}{h} = f'(x)$$
とは $h \to 0$ のとき
$$\frac{f(x+h) - f(x)}{h} \to f'(x)$$
に近づくということです！

また $f(x)+g(x)=F(x)$ とおくと、

$$\{f(x)+g(x)\}'=F'(x)$$

$$=\lim_{h\to 0}\frac{F(x+h)-F(x)}{h}$$

$$=\lim_{h\to 0}\frac{\{f(x+h)+g(x+h)\}-\{f(x)+g(x)\}}{h}$$

$$=\lim_{h\to 0}\left\{\underbrace{\frac{f(x+h)-f(x)}{h}}_{\to f'(x)}+\underbrace{\frac{g(x+h)-g(x)}{h}}_{\to g'(x)}\right\}$$

$$=f'(x)+g'(x) \quad \cdots ⓓ$$

同様にして

$$\{f(x)-g(x)\}'=f'(x)-g'(x) \quad \cdots ⓓ$$

が成り立ちます。

これはとてもイメージしやすい結果なので、記憶してすぐに使えるようにしてくださいね。

原則4 〈微分の公式 part 1〉

(1) $(x^n)'=nx^{n-1}\cdots ⓐ$
(2) $f'(x)=(c)'=0\cdots ⓑ$ 　　(cは定数)
(3) $\{cf(x)\}'=cf'(x)\cdots ⓒ$ 　　(cは定数)
(4) $\{f(x)\pm g(x)\}'=f'(x)\pm g'(x)\cdots ⓓ$

これらを組み合わせると先ほどの関数
$f(x) = x^3 + 3x^2 + 3x + 1$
の微分が機械的に次のようにできます。

$$\begin{aligned}
f'(x) &= (x^3 + 3x^2 + 3x + 1)' \quad \text{ⓓより}\\
&= (x^3)' + (3x^2)' + (3x)' + (1)' \\
&\quad\downarrow\text{ⓐ} \quad \downarrow\text{ⓒ} \quad \downarrow\text{ⓒ} \quad \downarrow\text{ⓑ}\\
&= 3x^2 + 3(x^2)' + 3(x)' + 0 \\
&= 3x^2 + 3 \cdot 2x + 3 \cdot 1 + 0 \\
&= 3x^2 + 6x + 3
\end{aligned}$$

では $f(x) = (x^2+1)(x-2)\cdots$ ① の微分はどうでしょうか。右辺を展開すると

$$\begin{aligned}
f(x) &= (x^2+1)(x-2) \\
&= x^3 - 2x^2 + x - 2
\end{aligned}$$

ですから、先ほどと同様に

$$\begin{aligned}
f'(x) &= (x^3 - 2x^2 + x - 2)' \quad \text{ⓓより}\\
&= (x^3)' - (2x^2)' + (x)' - (2)' \\
&\quad\downarrow\text{ⓐ} \quad \downarrow\text{ⓒ} \quad \downarrow\text{ⓐ} \quad \downarrow\text{ⓑ}\\
&= 3x^2 - 2(x^2)' + 1 - 0 \\
&= 3x^2 - 2 \cdot 2x + 1 \\
&= 3x^2 - 4x + 1 \cdots ②
\end{aligned}$$

のように求めることができました。

ところで今、2つの関数 $f(x)$ と $g(x)$ があって、ともに $f'(x)$, $g'(x)$ が求められるとします。このとき、

$$\{f(x)\,g(x)\}' = f'(x)\,g(x) + f(x)\,g'(x) \cdots ⓔ$$

が成り立ちます。これを**積の微分法**というのですが、微分したいときにとても重宝する公式です。なのでこれも証明しておきましょう。

証明というととても面倒だと感じる人が多いのですが、今までの復習にもなるので、ちょっと頑張ってみてください。

$f(x)\,g(x) = F(x)$ とおくと

$\{f(x)\,g(x)\}' = F'(x)$

$= \displaystyle\lim_{h \to 0} \dfrac{F(x+h) - F(x)}{h}$ ←導関数の定義はもう大丈夫ですね

⬇ $F(x) = f(x)g(x)$ より
$F(x+h) = f(x+h)g(x+h)$

$= \displaystyle\lim_{h \to 0} \dfrac{f(x+h)g(x+h) - f(x)g(x)}{h}$

この2式を追加しました

$= \displaystyle\lim_{h \to 0} \dfrac{f(x+h)g(x+h) - f(x)g(x+h) + f(x)g(x+h) - f(x)g(x)}{h}$

⇩ こうすると次のように因数分解できるので

$= \displaystyle\lim_{h \to 0} \dfrac{\{f(x+h) - f(x)\}g(x+h) + f(x)\{g(x+h) - g(x)\}}{h}$

$$= \lim_{h \to 0} \frac{f(x+h)-f(x)}{h} \cdot g(x+h) + f(x) \cdot \frac{g(x+h)-g(x)}{h}$$

$$= f'(x) \, g(x) + f(x) \, g'(x) \cdots ⓔ$$

が証明できました。

どうですか。導関数を求める（微分する）には

$$f'(x) = \lim_{h \to 0} \frac{f(x+h)-f(x)}{h} \cdots (\boldsymbol{***})$$

を理解していれば、どんどん公式が導けることがわかりましたね。

積の微分法
$$\{f(x) \, g(x)\}' = f'(x) \, g(x) + f(x) \, g'(x) \cdots ⓔ$$
は
$$\{f(x) \, g(x)\}' = \underline{f'(x) \, g(x)} + f(x) \, \underline{g'(x)} \cdots ⓔ$$
　　　　　　　　前の微分　　　　　後ろの微分

のようにイメージを作っておいてください。

このⓔを利用すると先ほどの
$$f(x) = (x^2+1)(x-2) \cdots ①$$
は右辺を展開しなくても微分することができるようになりました。そこで①を実際に公式ⓔを使って微分してみましょう。

$$f'(x) = \{(x^2+1)(x-2)\}'$$
$$= \underbrace{(x^2+1)'}_{\text{前の微分}}(x-2) + (x^2+1)\underbrace{(x-2)'}_{\text{後ろの微分}}$$

$$= \{(x^2)' + (1)'\}(x-2) + (x^2+1)\{(x)' - (2)'\}$$
$$\quad\quad\quad \downarrow \text{ⓐ} \;\; \text{ⓑ} \quad\quad\quad\quad\quad\quad \downarrow \text{ⓐ}$$
$$= (2x+0)(x-2) + (x^2+1)(1-0)$$
$$= 2x(x-2) + (x^2+1)\cdot 1$$
$$= 3x^2 - 4x + 1$$

となり、先ほどの結果②と確かに一致しました。

では $f(x) = \dfrac{3x+2}{x^2-1}$ …③のような分数関数の微分はどのようにすればよいでしょうか。

このときは**商の微分法**

$$\left\{\frac{f(x)}{g(x)}\right\}' = \frac{f'(x)g(x) - f(x)g'(x)}{\{g(x)\}^2} \cdots \text{ⓕ}$$

という公式を利用します。

ではこれも今までの復習を兼ねて証明してみましょう。難しくはありませんから頑張ってついてきてください。

$\dfrac{f(x)}{g(x)} = F(x)$ とおくと

$\left\{\dfrac{f(x)}{g(x)}\right\}' = F'(x)$

$= \lim_{h \to 0} \dfrac{F(x+h) - F(x)}{h}$ 　　$F(x) = \dfrac{f(x)}{g(x)}$ より

$= \lim_{h \to 0} \dfrac{1}{h}\left\{\dfrac{f(x+h)}{g(x+h)} - \dfrac{f(x)}{g(x)}\right\}$ 　　$F(x+h) = \dfrac{f(x+h)}{g(x+h)}$

ですね！

$= \lim_{h \to 0} \dfrac{1}{h} \cdot \dfrac{f(x+h)g(x) - f(x)g(x+h)}{g(x+h) \cdot g(x)}$

$= \lim_{h \to 0} \dfrac{1}{g(x+h)g(x)} \cdot \dfrac{f(x+h)g(x) - f(x)g(x+h)}{h}$

工夫

$= \lim_{h \to 0} \dfrac{1}{g(x+h)g(x)} \cdot \dfrac{f(x+h)g(x) - f(x)g(x) + f(x)g(x) - f(x)g(x+h)}{h}$

$= \lim_{h \to 0} \dfrac{1}{g(x+h)g(x)} \cdot \dfrac{\{f(x+h) - f(x)\}g(x) - f(x)\{g(x+h) - g(x)\}}{h}$

$= \lim_{h \to 0} \dfrac{1}{g(x+h)g(x)} \cdot \left\{\dfrac{f(x+h) - f(x)}{h} g(x) - f(x) \dfrac{g(x+h) - g(x)}{h}\right\}$

$= \dfrac{1}{\{g(x)\}^2} \cdot \{f'(x)g(x) - f(x)g'(x)\}$

$= \dfrac{f'(x)g(x) - f(x)g'(x)}{\{g(x)\}^2}$ ……ⓕ

$\left\{\dfrac{f(x)}{g(x)}\right\}' = \dfrac{f'(x)g(x) - f(x)g'(x)}{\{g(x)\}^2}$ …ⓕ

を用いて先ほどの関数

$$f(x) = \frac{3x+2}{x^2-1} \cdots ③$$

を微分してみますと

$$f'(x) = \left\{ \frac{3x+2}{x^2-1} \right\}'$$

$$= \frac{(3x+2)'(x^2-1) - (3x+2)(x^2-1)'}{(x^2-1)^2}$$

$$= \frac{3(x^2-1) - (3x+2) \cdot 2x}{(x^2-1)^2}$$

$$= -\frac{3x^2+4x+3}{(x^2-1)^2}$$

となり、私たちはさらに新しい微分公式を使いこなすことができるようになりました。

さてこれで私たちはずいぶんと多くの関数を微分することができるようになったのですが、もう一つどうしてもマスターしておきたい微分の公式があります。

(2)合成関数の微分

それは**合成関数の微分**と呼ばれるものです。
実はこの原稿を書きながら、微分の入門書としてどこまで微分計算を皆さんに紹介しようかと悩んだのですが、せっかく微分を勉強してくださるのに、2次関

数や3次関数の微分だけで説明を終わらせてしまうのはとてももったいない気がしたのです。

類書の多くは微分の公式として ⓐ、ⓑ、ⓒ、ⓓ までは扱っているのですが、積の微分法 ⓔ、商の微分法 ⓕ、さらにこれからお話しする合成関数の微分法 ⓖ まで扱い、しかも証明に言及している本はほとんどありません。その意味では微分を全く習ったことがない人は合成関数の微分の説明はかなりわかりにくいなあ…と感じるかもしれませんが、ある意味微分計算の最重要テーマでもあるので、本書ではあえてその難しさに挑戦してみることにしました。やはり難しいなあ……と感じられた方は軽く読み飛ばしていきながら、あとでお話しする要領の部分だけをつかんでみるといいでしょう。

では勇気を出して合成関数の微分法について勉強していきます。

導関数を求める（微分する）には

$$f'(x) = \lim_{h \to 0} \frac{f(x+h) - f(x)}{h} \cdots (***)$$

を用いることは何度もお話ししました。そして、微分をすること、すなわち（***）の極限計算をした結果を $f'(x)$ で表すこともよくわかっていますね。

このように$f(x)$を微分することを$f'(x)$のように'（ダッシュ）をつけて表現するわけですが、たとえば$f(x) = x^2+x+1$と書かずに$y = x^2+x+1$のように書いているときは、$f'(x)$の代わりにy'と書くこともよくあります。この式であれば

$$y' = (x^2 + x + 1)'$$
$$= (x^2)' + (x)' + (1)'$$
$$= 2x + 1$$

ですね。

ところで$y = x^2+x+1$とはyの値はxの関数で決まっているということで、このときy'とは

「yをxで微分する」

という意味を持っています。このときそれをはっきりさせるために記号$\dfrac{dy}{dx}$を用いて表すこともあります。

このとき記号$\dfrac{dy}{dx}$は「ディーyディーx」のように上から読んでいきます。「ディーx分のディーy」のように分数を読むようには読みません。この記号を使うと$y = x^2+x+1$なら

$$\frac{dy}{dx} = (x^2+x+1)' = 2x+1$$

のように表現しますし、$f(x) = x^2+x+1$なら

$$\frac{df(x)}{dx} = (x^2+x+1)' = 2x+1$$

のように表しても構いません。さらにこれを

$$\frac{d}{dx}f(x) = (x^2+x+1)' = 2x+1$$

のように書く場合もあります。なんとなく面倒な感じがしますが、難しいことではないので大丈夫ですね。

さて記号の準備は済んだので新しい話に移ります。$y = f(x)$ で与えられた関数があるとき、xで微分することを、$f'(x)$ や y', $\frac{dy}{dx}$, $\frac{df(x)}{dx}$ で表しましたが、このとき

$$f'(x) = \lim_{h \to 0} \frac{f(x+h) - f(x)}{h} \cdots (***)$$

は、

$$\frac{dy}{dx} = \lim_{h \to 0} \frac{f(x+h) - f(x)}{h} \cdots (***)$$

と書いてももちろん構いません。すると $\frac{dy}{dx}$ の記号は (***) の右辺の極限計算をせよというようにも読むことができますね。

ここからが初めての方にはわかりにくいところなのですが、

$$\frac{dy}{dx} = \lim_{h \to 0} \frac{f(x+h) - f(x)}{h} \cdots (***)$$

が表している図形的内容を今、下のように2つの図で考え直してみます。

(図102)

$$f'(x) = \lim_{h \to 0} \underbrace{\frac{f(x+h)-f(x)}{h}}_{PQの傾き}$$

(図103)

(Δx、ΔyはPからQに移動したときの変化量です)

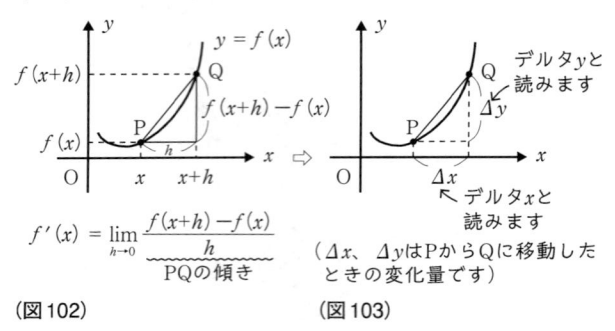

（図102）のように関数$f(x)$があって、点P$(x, f(x))$に対し、x座標$x+h$における点QはQ$(x+h, f(x+h))$で表されますが、このとき点Pから点Qに移動したと考えると、そのときに変化した量について

xの増分hをΔx、yの増分$f(x+h)-f(x)$をΔy

↳デルタxと読みます

と書くことにします。

このときΔx、Δyはあくまで変化した微小の量であることを覚えておいてくださいね。

すると　　　$f'(x)$のことでした！

$$\frac{dy}{dx} = \lim_{h \to 0} \frac{f(x+h)-f(x)}{h} \cdots (***)$$

の式は h が Δx に相当して

$$\frac{dy}{dx} = \lim_{h \to 0} \frac{f(x+h) - f(x)}{h}$$

$$= \lim_{\Delta x \to 0} \frac{f(x + \Delta x) - f(x)}{\Delta x}$$

$$= \lim_{\Delta x \to 0} \frac{\Delta y}{\Delta x} \cdots (***)'$$

のようにも表すことができることがわかります。

つまり $\frac{dy}{dx}$ の記号は y を x で微分するという意味だけでなく、$(***)'$ のように変化量 Δx と変化量 Δy の比をとって $\Delta x \to 0$ のときの極限を表してもいるのです。

ここでみなさんがよく質問に来るのは

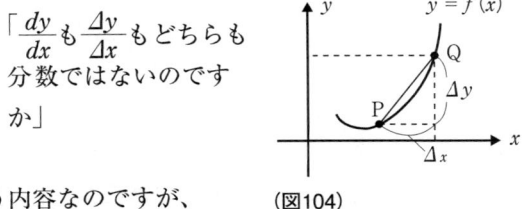

「$\frac{dy}{dx}$ も $\frac{\Delta y}{\Delta x}$ もどちらも分数ではないのですか」

という内容なのですが、$(***)'$ を見ていただければわかるように

(図104)

$\dfrac{\mathit{\Delta} y}{\mathit{\Delta} x}$ は変化量 $\mathit{\Delta} y$ を変化量 $\mathit{\Delta} x$ で割ったものであり、

$\dfrac{dy}{dx}$ はその比を $\mathit{\Delta} x \to 0$ にしたときの極限

だということで、なんとなく似たような雰囲気の式ですが、表している内容は全く違います。

ここまでの話は大丈夫でしょうか。皆さんの理解を信じて話を先に進めますね。今度は合成関数という言葉です。

関数 $y = (4x^2+1)^3$ を考えてみます。

これは展開すると6次式の関数ですね。この関数を微分するのに右辺を展開して微分するのはやや面倒です。なんとかこの形を生かして微分できないでしょうか。そこで考えられるのが置換という武器です。

今（ ）内の式を $u = 4x^2+1$ とおけば

$y = (4x^2+1)^3$ …④

$\Leftrightarrow \begin{cases} y = u^3 & \cdots ⑤ \\ u = 4x^2+1 & \cdots ⑥ \end{cases}$

のように、④式は⑤式と⑥式を合成した形になっています。この④式のような関数を合成関数といいます。たとえば $y = \sqrt{4-x^2}$ は

$y = \sqrt{4-x^2}$

$\Leftrightarrow y = \sqrt{u}, \quad u = 4-x^2$

を合成したものと考えられますし、$y = \dfrac{1}{(2x+3)^3}$ であれば、

$$y = \dfrac{1}{u^3}, \ u = 2x+3$$

を合成したものになっています。

この合成関数の微分法については、

> $y = f(u), \ u = g(x)$ がともに $f'(u), \ g'(x)$ を持つとき、合成関数 $y = f(g(x))$ の導関数は
>
> ＊$y=f(u)$ の u に $u=g(x)$ を代入しています。
>
> $$\dfrac{dy}{dx} = \dfrac{dy}{du} \cdot \dfrac{du}{dx} = f'(u) \cdot g'(x) \cdots ⓖ$$

が成り立ちます。

この証明も頑張ってみましょう。初めての人はもちろんわかりにくいところですから、最初は読んでみてなんとなくそんなものかなあ……というぐらいで構いません。

今2つの関数 $y = f(u)$, $u = g(x)$ があるとき、

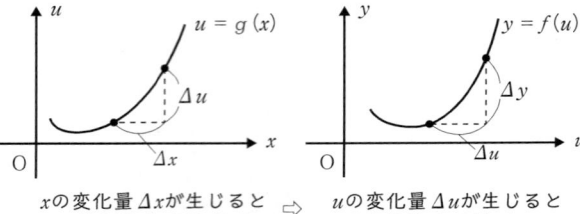

(図105)　　　　　　　　(図106)

xの変化量 Δx が生じると　⇨　uの変化量 Δu が生じると
uの変化量 Δu が生じる　　　yの変化量 Δy が生じる

上の (図105) のように、x の増分 Δx に対して u の増分 Δu を考えます。また (図106) のように、u の増分 Δu に対して y の増分 Δy をとります。

このとき変化量について

$$\frac{\Delta y}{\Delta x} = \frac{\Delta y}{\Delta u} \cdot \frac{\Delta u}{\Delta x}$$

のように変形することができますね。

(図107)

ここで $\Delta x \to 0$ のとき、(図105) から Δu の値も $\Delta u \to 0$ になることがわかります。

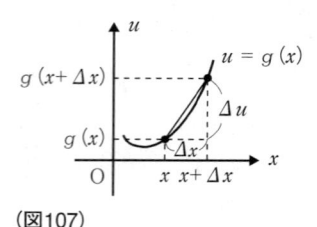

(図108)

第1章　微分

すると (***)' より

$$\frac{dy}{dx} = \lim_{\Delta x \to 0} \frac{\Delta y}{\Delta x} = \lim_{\Delta x \to 0} \frac{\Delta y}{\Delta u} \cdot \frac{\Delta u}{\Delta x}$$

$$= \lim_{\substack{\Delta x \to 0 \\ \Delta u \to 0}} \underbrace{\frac{f(u+\Delta u)-f(u)}{\Delta u}}_{\text{(図108)}} \cdot \underbrace{\frac{g(x+\Delta x)-g(x)}{\Delta x}}_{\text{(図107)}}$$

$$\Downarrow \qquad\qquad \Downarrow$$
$$\frac{\Delta y}{\Delta u} \qquad\qquad \frac{\Delta u}{\Delta x}$$
$$\Downarrow \qquad\qquad \Downarrow$$
$$\frac{dy}{du} = \lim_{\Delta u \to 0}\frac{\Delta y}{\Delta u} \qquad \frac{du}{dx} = \lim_{\Delta x \to 0}\frac{\Delta u}{\Delta x}$$

すなわち

$$\frac{dy}{dx} = \frac{dy}{du} \cdot \frac{du}{dx} = f'(u) \cdot g'(x) \cdots \text{ⓖ}$$

が成り立つことがわかります。

このとき注意してほしいのは

$$\frac{dy}{dx} = \frac{dy}{du} \cdot \frac{du}{dx} = f'(u) \cdot g'(x) \cdots \text{ⓖ}$$

$$\frac{dy}{dx} = \lim_{\Delta x \to 0} \frac{\Delta y}{\Delta x} \leftarrow \text{変化量の極限}$$

について、$\frac{dy}{dx}$ は p.140 で分数ではないといいましたが、ⓖ式を見ていただくとわかるように、$\frac{dy}{dx}$ をあたかも分数式のように考えて、

$$\frac{dy}{dx} = \frac{dy}{du} \cdot \frac{du}{dx}$$

du で約分すれば左辺と右辺が等号でつながるような表現になっていますよね。du、dx、dy などは量ではなく、あくまでも

$$\frac{dy}{dx},\ \frac{dy}{du},\ \frac{du}{dx}$$

は

$$\frac{dy}{dx} = \lim_{\Delta x \to 0} \frac{\Delta y}{\Delta x}$$

$$\frac{dy}{du} = \lim_{\Delta u \to 0} \frac{\Delta y}{\Delta u}$$

$$\frac{du}{dx} = \lim_{\Delta x \to 0} \frac{\Delta u}{\Delta x}$$

の極限を計算せよという記号ですが、⑧式は

$$\frac{dy}{dx} = \frac{dy}{du} \cdot \frac{du}{dx} = f'(u) \cdot g'(x) \cdots ⑧$$

のように $\dfrac{dy}{dx}$ を求めるために形式的に $\dfrac{dy}{du} \cdot \dfrac{du}{dx}$ に変形し、$\dfrac{dy}{du} = f'(u)$、$\dfrac{du}{dx} = g'(x)$ と考えて、その2つをかければよいという結果が得られたのです。

すると $y = (4x^2 + 1)^3 \cdots ④$ という合成関数の導関数を求めるには、

$$\begin{cases} y = f(u) = u^3 & \cdots ⑤ \\ u = g(x) = 4x^2+1 & \cdots ⑥ \end{cases}$$

でしたから、$y = (4x^2+1)^3 = f(g(x))\cdots$④と考えて、

$$\begin{aligned}
\frac{dy}{dx} &= \frac{dy}{du} \cdot \frac{du}{dx} \\
&\quad\;\;\downarrow ⑤ \;\;\;\downarrow ⑥ \\
&= (u^3)' \cdot (4x^2+1)' \\
&= 3u^2 \cdot 8x \\
&= 3(4x^2+1)^2 \cdot 8x \\
&= 24x(4x^2+1)^2
\end{aligned}$$

のように微分することができるのです。

　どうでしたか。証明が多くて心が折れそうだったかもしれませんが、(1)(2)の内容は微分計算を理解するうえでとても重要な話だったので、何度も何度も読み返してみるとよいと思います。数学は難しいと思っても、実は繰り返すことではっと気づくことがよくあります。

　(1)(2)で出てきた公式をそれぞれ一覧にしてまとめておきます。

原則4 〈微分の公式 part 1〉

(1) $(x^n)' = nx^{n-1}$ … ⓐ
(2) $f'(x) = (c)' = 0$ … ⓑ　　(cは定数)
(3) $\{cf(x)\}' = cf'(x)$ … ⓒ　　(cは定数)
(4) $\{f(x) \pm g(x)\}' = f'(x) \pm g'(x)$ … ⓓ

原則5 〈微分の公式 Part 2〉

2つの関数$f(x)$と$g(x)$があって、ともに$f'(x)$と$g'(x)$を持つとき、

(5) $\{f(x)g(x)\}' = f'(x)g(x) + f(x)g'(x)$ … ⓔ

(6) $\left\{\dfrac{f(x)}{g(x)}\right\}' = \dfrac{f'(x)g(x) - f(x)g'(x)}{\{g(x)\}^2}$ … ⓕ

$y = f(u)$, $u = g(x)$がともに$f'(u)$, $g'(x)$を持つとき、
　合成関数$y = f(g(x))$ の導関数は

(7) $\dfrac{dy}{dx} = \dfrac{dy}{du} \cdot \dfrac{du}{dx} = f'(u) \cdot g'(x)$ … ⓖ

　さてこれらの諸公式を用いて実際にいろいろな関数を微分してみましょう。

第1章 微分

(3)いろいろな関数を微分してみよう

> 問題4
>
> 次の関数を微分せよ。
>
> (1) $y=(x^2-3x+4)(5-2x^4)$
>
> (2) $y=\dfrac{7x+6}{5-x^2}$

(解) (1) $y=(x^2-3x+4)(5-2x^4)$

$$\Downarrow$$

$\{f(x)\,g(x)\}' = f'(x)\,g(x) + f(x)\,g'(x) \cdots ⓔ$

を使いますよ

$y' = (x^2-3x+4)'(5-2x^4) + (x^2-3x+4)(5-2x^4)'$

$= (2x-3)(5-2x^4) + (x^2-3x+4)\cdot(0-2\cdot 4x^3)$

$= (2x-3)(-2x^4+5) + (x^2-3x+4)\cdot(-8x^3)$

$= -12x^5 + 30x^4 - 32x^3 + 10x - 15$

(2) $y=\dfrac{7x+6}{5-x^2}$ ⇐ $\left\{\dfrac{f(x)}{g(x)}\right\}' = \dfrac{f'(x)g(x)-f(x)g'(x)}{\{g(x)\}^2}$

を使って

$y' = \dfrac{(7x+6)'(5-x^2) - (7x+6)(5-x^2)'}{(5-x^2)^2}$

$= \dfrac{7(5-x^2) - (7x+6)(-2x)}{(5-x^2)^2}$ ← ミスに気を付けて！

$= \dfrac{7x^2 + 12x + 35}{(5-x^2)^2}$

151

> **問題5**
>
> 次の関数を微分せよ。
>
> (1) $y = (2x^2 + 5x - 6)^3$
>
> (2) $y = \dfrac{1}{\sqrt{x^2+1}}$

(解) (1) $y = (2x^2 + 5x - 6)^3 \Leftrightarrow \begin{cases} y = f(u) = u^3 \\ u = g(x) = 2x^2 + 5x - 6 \end{cases}$

より

$\dfrac{dy}{dx} = \dfrac{dy}{du} \cdot \dfrac{du}{dx} = 3u^2 \cdot (4x+5) \Leftarrow \dfrac{dy}{dx} = \dfrac{dy}{du} \cdot \dfrac{du}{dx} \cdots$ⓖ を使います！

$= 3(2x^2 + 5x - 6)^2 (4x+5)$

(2) $y = \dfrac{1}{\sqrt{x^2+1}} = \dfrac{1}{(x^2+1)^{\frac{1}{2}}} = (x^2+1)^{-\frac{1}{2}}$

$\Leftrightarrow \begin{cases} y = f(u) = u^{-\frac{1}{2}} \\ u = g(x) = x^2 + 1 \end{cases}$

より

$\dfrac{dy}{dx} = \dfrac{dy}{du} \cdot \dfrac{du}{dx} = -\dfrac{1}{2} u^{-\frac{3}{2}} \cdot 2x$

$= -\dfrac{1}{2} (x^2+1)^{-\frac{3}{2}} \cdot 2x$

$= -\dfrac{x}{(x^2+1)^{\frac{3}{2}}} = -\dfrac{x}{(x^2+1)\sqrt{x^2+1}}$

合成関数の微分は慣れるとかんたんです。なのでこの次の問題6にもチャレンジして下さい♥

第1章 微分

> 問題6
>
> 次の関数を微分せよ。
>
> $$y=(x+2)(\sqrt{x^2+2x+5})$$ （宮崎大）

(解) $y=(x+2)(\sqrt{x^2+2x+5})$

⇓

$\{f(x)\,g(x)\}'=f'(x)\,g(x)+f(x)\,g'(x)\cdots$ⓔ へ

$y'=(x+2)'(\sqrt{x^2+2x+5})+(x+2)(\sqrt{x^2+2x+5})'$

$=(\sqrt{x^2+2x+5})+(x+2)(\sqrt{x^2+2x+5})'\cdots$①

ここで $(\sqrt{x^2+2x+5})'$ について

$y=\sqrt{x^2+2x+5}=(x^2+2x+5)^{\frac{1}{2}}$

$\Leftrightarrow \begin{cases} y=f(u)=u^{\frac{1}{2}} \\ u=x^2+2x+5 \end{cases}$

とおくと

$\dfrac{dy}{dx}=\dfrac{dy}{du}\cdot\dfrac{du}{dx}=\dfrac{1}{2}u^{-\frac{1}{2}}\cdot(2x+2)$

$=(x^2+2x+5)^{-\frac{1}{2}}(x+1)$

$=\dfrac{x+1}{(x^2+2x+5)^{\frac{1}{2}}}=\dfrac{x+1}{\sqrt{x^2+2x+5}}$

①に代入して y' を求めると

$y'=\sqrt{x^2+2x+5}+\dfrac{(x+1)(x+2)}{\sqrt{x^2+2x+5}}$

$=\dfrac{x^2+2x+5+(x^2+3x+2)}{\sqrt{x^2+2x+5}}=\dfrac{2x^2+5x+7}{\sqrt{x^2+2x+5}}$

問題6ができた人はもう1問、問題7にチャレンジ！
うまくいかなかった人は問題6をもう一度解いてp.156へ

問題7

次の関数を微分せよ。

$$y = \frac{2x-1}{\sqrt{x^2-x+1}}$$

(広島市立大)

(解) $y = \dfrac{2x-1}{\sqrt{x^2-x+1}}$

$$\Leftarrow \left\{\frac{f(x)}{g(x)}\right\}' = \frac{f'(x)g(x) - f(x)g'(x)}{\{g(x)\}^2} \cdots ⓕ$$

をていねいに使ってください

より

$$y' = \frac{(2x-1)'\sqrt{x^2-x+1} - (2x-1)(\sqrt{x^2-x+1})'}{x^2-x+1}$$

$$= \frac{2\sqrt{x^2-x+1} - (2x-1)(\sqrt{x^2-x+1})'}{x^2-x+1} \cdots ①$$

ここで $(\sqrt{x^2-x+1})'$ について

$$y = \sqrt{x^2-x+1} = (x^2-x+1)^{\frac{1}{2}} \Leftrightarrow \begin{cases} y = f(u) = u^{\frac{1}{2}} \\ u = g(x) = x^2-x+1 \end{cases}$$

だから

$$\frac{dy}{dx} = \frac{dy}{du} \cdot \frac{du}{dx} = \frac{1}{2} u^{-\frac{1}{2}} \cdot (2x-1)$$

154

$$= \frac{2x-1}{2u^{\frac{1}{2}}} = \frac{2x-1}{2\sqrt{x^2-x+1}}$$

これを①に代入して

$$y' = \frac{2\sqrt{x^2-x+1} - (2x-1)\cdot\dfrac{2x-1}{2\sqrt{x^2-x+1}}}{x^2-x+1}$$

$$= \frac{4(x^2-x+1) - (2x-1)^2}{2(x^2-x+1)\sqrt{x^2-x+1}}$$

$$= \frac{3}{2(x^2-x+1)\sqrt{x^2-x+1}}$$

分母・分子に $2\sqrt{x^2-x+1}$ をかけます

(落ちついてゆっくりやると必ずできます。がんばって！)

5. 三角関数と微分

問題4～問題7でわかったように、私たちはずいぶんいろいろな関数に対して導関数を求める（微分する）ことができるようになりましたが、まだ三角関数については微分をすることができません。

そこで今度は三角関数についての理解をしながら、様々な微分の公式を導き出してみます。

(1) 三角関数とは何か

p.19でお話ししたように下図の直角三角形があって、BC = a, CA = b, AB = c, ∠ABC = θ とするとき、辺の比 $\dfrac{b}{c}$, $\dfrac{a}{c}$, $\dfrac{b}{a}$ を考えて、

$$\sin\theta = \frac{b}{c}, \quad \cos\theta = \frac{a}{c}$$

$$\tan\theta = \frac{b}{a}$$

と表します。

（図109）

このとき、tan θ について、

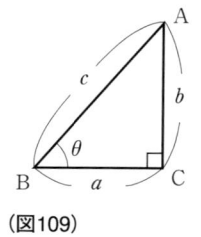

$$\tan\theta = \frac{b}{a} = \frac{\dfrac{b}{c}}{\dfrac{a}{c}} = \frac{\sin\theta}{\cos\theta}$$

という関係が成り立ちます。また、

$$\sin^2\theta + \cos^2\theta = \left(\frac{b}{c}\right)^2 + \left(\frac{a}{c}\right)^2$$

$$= \frac{a^2+b^2}{c^2} \quad \Longleftarrow$$

$$= 1$$

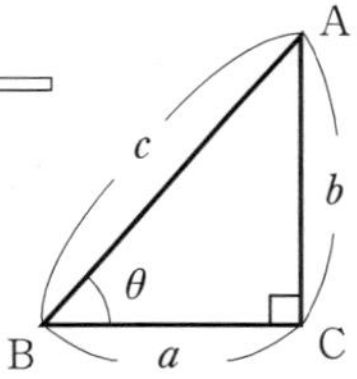

三平方の定理より
$c^2 = a^2 + b^2$

(図110)

すなわち

$$\sin^2\theta + \cos^2\theta = 1$$

という基本の関係が成り立つのでした。

けれども直角三角形で∠θ をとると、θ は $0° < \theta < 90°$ でないと考えることができませんね。p.20 でも求めたように

$$\sin 30° = \frac{1}{2}, \quad \cos 30° = \frac{\sqrt{3}}{2}$$

$$\tan 30° = \frac{1}{\sqrt{3}}$$

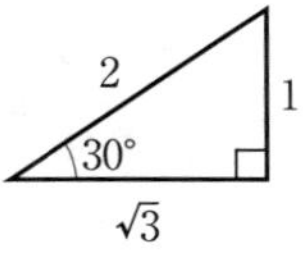

$$\sin 45° = \frac{1}{\sqrt{2}}, \quad \cos 45° = \frac{1}{\sqrt{2}}$$
$$\tan 45° = \frac{1}{1} = 1$$

$$\sin 60° = \frac{\sqrt{3}}{2}, \quad \cos 60° = \frac{1}{2}$$
$$\tan 60° = \frac{\sqrt{3}}{1} = \sqrt{3}$$

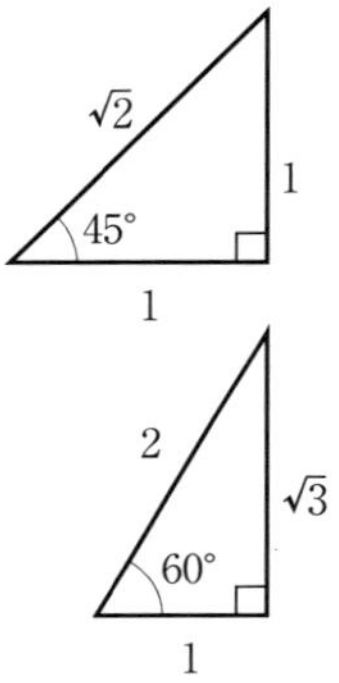

(図111)

であることがわかりますが、これを生かしながら θ =120° や θ =330° などでも sin θ, cos θ, tan θ の値を決められるように、sin θ, cos θ, tan θ の定義を次のように約束しなおします。

 xy 平面上に半径1の円(単位円といいます)を書いて、点Pを (1, 0) から反時計回りに動かして回った角を θ にとります。
 このとき、点Pについて
   x 座標を見ることを cos θ,
   y 座標を見ることを sin θ,
   OP の傾きを見ることを tan θ
と表すのです。

第1章 微分

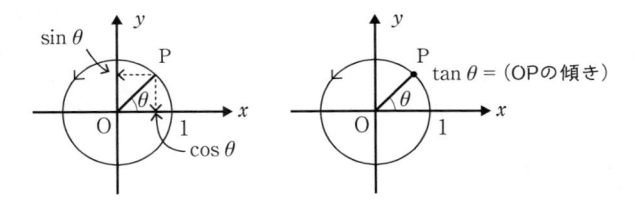

(図112)

このように決めると

$$\sin 30° = \frac{1}{2}, \quad \cos 30° = \frac{\sqrt{3}}{2}$$

$$\tan 30° = \frac{\frac{1}{2}}{\frac{\sqrt{3}}{2}} = \frac{1}{\sqrt{3}}$$

(図113)

であることはすぐにわかりますし、

$$\sin 240° = -\frac{\sqrt{3}}{2}, \quad \cos 240° = -\frac{1}{2}$$

$$\tan 240° = \frac{-\frac{\sqrt{3}}{2}}{-\frac{1}{2}} = \sqrt{3}$$

(図114)

159

であることも容易にわかるようになりました。

これらの値をいろいろと調べ、y=sin θ, y=cos θ, y=tan θのグラフを θy平面に描いてみると次のようになります。

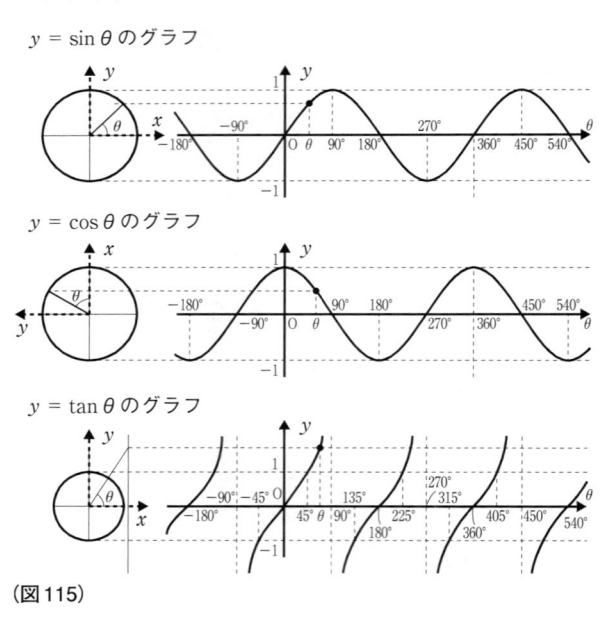

y = sin θ のグラフ

y = cos θ のグラフ

y = tan θ のグラフ

（図115）

ところがここでちょっと困ったことが生じます。たとえばy=sin θのグラフは右上のようですが、このとき $y = \dfrac{1}{2}x$ の直線との交点が知りたくても求めることができません。なぜなら $y = \dfrac{1}{2}x$ の直線を同じ θy

第1章 微分

平面に一緒に書き込むことが不可能だからです。どういうことかというと、(図116)を見ると気づくように、$y = \sin \theta$

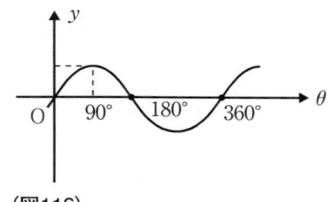

(図116)

のグラフは横軸にθ、縦軸にyをとっていますね。そして横軸の目盛は単位が°(度)になっています。

それに対して$y = \frac{1}{2}x$の直線は横軸にも縦軸にも単位はついていません。つまり2つのグラフを1つの座標平面に描くことができないのです。

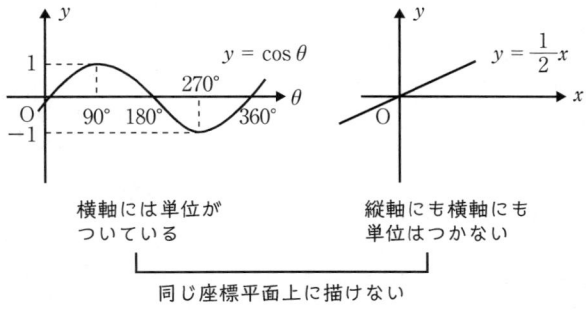

横軸には単位がついている　　縦軸にも横軸にも単位はつかない

同じ座標平面上に描けない

(図117)

(2)弧度法の導入

そこで考えられたのが次の方法です。

今図のように半径が1の円と半径が2の円を準備し

ます。そして半径と同じ長さの弧をとってみると、2つの円は相似ですから下の図のように、半径に関係なく同じ角が取れることがわかりますね。

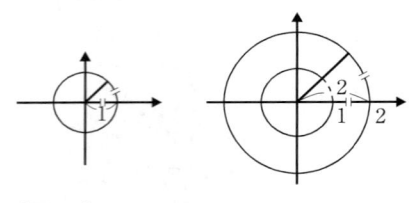

(図118)

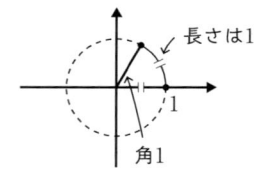

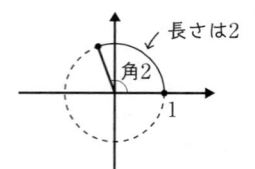

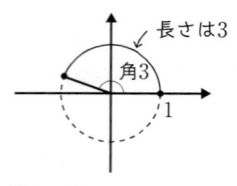

　そこで半径1の円で代表して考えることにすると、半径1と等しい長さの弧をとったときにできる角はだいたいですが57.30°ぐらいになります。この角を改めて、半径の1倍の長さをもった角ということで、角1と表現します。すると角2、角3は右図のように半径の2倍の長さをもった角、3倍の長さを持った角になります。円周は直径×$\pi = 2\pi$でしたから、図の半円周の長さはπ、つまり

(図119)

第1章　微分

半円周分の角は半径のπ倍、すなわち角πですね。

このように角πは私たちが子供のころから慣れ親しんだ180°に相当する大きさの角なのです。すると$\frac{\pi}{2}$は90°に相当する大きさの角であることもわかりますね。

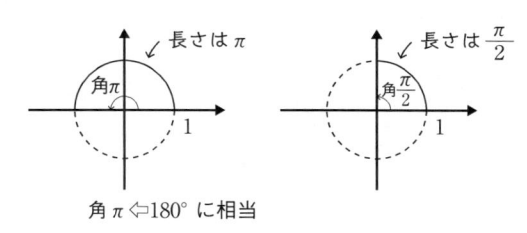

角π ⇔ 180°に相当

(図120)

そこで私たちは°(度)に別れを告げて、角の大きさを半径の何倍の長さを持った弧であるかに着目して

角 π ⇔ 180°に相当

角 $\frac{\pi}{2}$ ⇔ 90°に相当

角 $\frac{\pi}{3}$ ⇔ 60°に相当

角 $\frac{\pi}{6}$ ⇔ 30°に相当

⋮

角 2π ⇔ 360°に相当

のように対応させて考えることにします。このような角の表し方を**弧度法**といいます。

ですからたとえば $\sin\dfrac{\pi}{3}$ は $\sin 60°$ に対応して

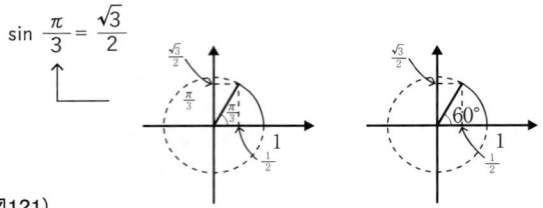

$$\sin\dfrac{\pi}{3} = \dfrac{\sqrt{3}}{2}$$

(図121)

になりますね。

どうしてわざわざこんな面倒な角を導入するかというと、$y = \sin x$ の x の値に

$$x = 0,\ \dfrac{\pi}{6},\ \dfrac{\pi}{2},\ \pi,\ \dfrac{2\pi}{3},\ \dfrac{5\pi}{6},\ \pi\cdots\cdots$$

を代入するときこれらの値は°(度)という単位がつかないからです。するとこのとき $y = \sin x$ のグラフは下のようになり、今度は $y = \dfrac{1}{2}x$ の直線をおなじ平面上に描くことができるようになったのです。これはすごいことだと思いませんか。

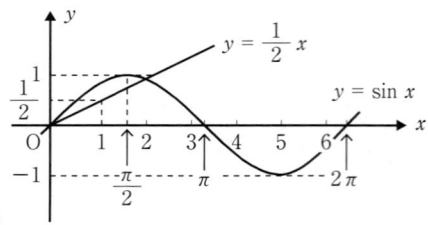

(図122)

もう一つ、$y = \sin x$ の微分をするときに弧度法はとても便利です。それをお話しする前にちょっと三角関数について復習をしておくと、p.20 で触れたように加法定理という大切な関係式がありました。

　加法定理というのは
$$\sin(\alpha + \beta) = \sin \alpha \cos \beta + \cos \alpha \sin \beta$$
$$\cos(\alpha + \beta) = \cos \alpha \cos \beta - \sin \alpha \sin \beta$$
のように sin や cos のあとにつく $(\alpha + \beta)$ のかっこのはずし方についての公式でしたね。

　またこの公式から導かれる公式の中で和から積に形を変えることができる公式もありました。今は微分の話に集中したいので、三角関数の必要な公式はあとで原則6として紹介していくだけにとどめ、必要な公式が出てくるたびにどの公式をどのように使っているかをそのつどお話しすることにします。

　さて $y = \sin x$ を微分するには、$\sin A$ と $\sin B$ の和の形を積の形に変形する公式

$$\sin A + \sin B = 2\sin \frac{A+B}{2} \cos \frac{A-B}{2}$$

$$\sin A - \sin B = 2\cos \frac{A+B}{2} \sin \frac{A-B}{2}$$

が必要になります。どのように使うかというと
　　$\sin(x+h) - \sin x$

であれば上の2つ目の公式を用いて、

$$\sin \underbrace{(x+h)}_{A} - \sin \underbrace{x}_{B}$$

ここをA, Bと思います

$$= 2\cos \underbrace{\frac{(x+h)+x}{2}}_{\frac{A+B}{2} \text{より}} \sin \underbrace{\frac{(x+h)-x}{2}}_{\frac{A-B}{2} \text{より}} \quad \cdots ①$$

のように変形します。

　さてこれを用いて$y = \sin x$の導関数を調べてみましょう。導関数の定義は

$$f'(x) = \lim_{h \to 0} \frac{f(x+h) - f(x)}{h} \quad \cdots (***)$$

でしたね。すると$y = \sin x$であれば$f(x) = \sin x$として

$$f'(x) = \lim_{h \to 0} \frac{f(x+h) - f(x)}{h}$$
$$= \lim_{h \to 0} \frac{\sin(x+h) - \sin x}{h}$$

$f(x) = \sin x$より
$f(x+h) = \sin(x+h)$

第1章 微分

$$= \lim_{h \to 0} \frac{2\cos \dfrac{(x+h)+x}{2} \sin \dfrac{(x+h)-x}{2}}{h} \quad \Leftarrow \text{①より}$$

$$= \lim_{h \to 0} \frac{2\cos \dfrac{2x+h}{2} \sin \dfrac{h}{2}}{h}$$

分母分子を2で割る

$$\lim_{h \to 0} \frac{\cos\left(x+\dfrac{h}{2}\right) \sin \dfrac{h}{2}}{\dfrac{h}{2}}$$

(ここで $\dfrac{h}{2} = \theta$ とおくと $h \to 0$ のとき $\theta \to 0$ で)

$$= \lim_{\theta \to 0} \cos(x+\theta) \frac{\sin \theta}{\theta} \quad \cdots ②$$

ここは $\cos x$ に近づく　　これはいくらだろう

のようになり、$\sin x$ の導関数は $\lim_{\theta \to 0} \dfrac{\sin \theta}{\theta}$ の極限値がわからないと求められないことに気づきます。

では $y = \cos x$ の導関数はどうでしょうか。今度は和→積の公式のうち

$$\cos A + \cos B = 2\cos \frac{A+B}{2} \cos \frac{A-B}{2}$$

$$\cos A - \cos B = -2\sin \frac{A+B}{2} \sin \frac{A-B}{2}$$

の形を使います。

このときこの2つめの式を用いて変形すると

$$\cos\underbrace{(x+h)}_{A} - \cos\underbrace{x}_{B}$$
ここをA, Bと思う

$$= -2\sin\underbrace{\frac{(x+h)+x}{2}}_{\frac{A+B}{2}}\sin\underbrace{\frac{(x+h)-x}{2}}_{\frac{A-B}{2}} \quad \cdots ③$$

が成り立ちますから、$f(x) = \cos x$のとき

$$f'(x) = \lim_{h \to 0}\frac{f(x+h)-f(x)}{h}$$

$f(x)=\cos x$より
$f(x+h)=\cos(x+h)$です

$$= \lim_{h \to 0}\frac{\cos(x+h)-\cos x}{h}$$

$$= \lim_{h \to 0}\frac{-2\sin\dfrac{(x+h)+x}{2}\sin\dfrac{(x+h)-x}{2}}{h} \quad \Leftarrow ③より$$

$$= \lim_{h \to 0}\frac{-2\sin\dfrac{2x+h}{2}\sin\dfrac{h}{2}}{h}$$

第1章 微分

$$= \lim_{h \to 0} \left\{ - \frac{\sin\left(x + \frac{h}{2}\right) \boxed{\sin \frac{h}{2}}}{\boxed{\frac{h}{2}}} \right\}$$

$\theta = \dfrac{h}{2}$ とおく

$$= \lim_{\theta \to 0} \left\{ - \sin(x + \theta) \cdot \boxed{\frac{\sin \theta}{\theta}} \right\} \quad \cdots ④$$

ここは sin x に近づく　　これはいくらだろう

となって、ここでも $\lim_{\theta \to 0} \dfrac{\sin \theta}{\theta}$ の極限値が必要なことに気づきます。そしてこの値が k だとすると、②、④式より

$$(\sin x)' = \lim_{\theta \to 0} \cos(x + \theta) \cdot \boxed{\frac{\sin \theta}{\theta}} = \cos x \cdot \boxed{k}$$

$$(\cos x)' = \lim_{\theta \to 0} \left\{ - \sin(x + \theta) \cdot \boxed{\frac{\sin \theta}{\theta}} \right\}$$

$$= - \sin x \cdot \boxed{k}$$

となり、$(\sin x)' = k\cos x, \ (\cos x)' = -k\sin x \quad \cdots ⑤$ が成り立ちます。

ここで読者の皆さんに気づいてほしいのは、

$$k = \lim_{\theta \to 0} \frac{\sin \theta}{\theta} \ \text{が何を表しているか}$$

です。

　$\sin 0 = 0$ ですから上の式を書きなおしてみると

$$k = \lim_{\theta \to 0} \frac{\sin \theta}{\theta} = \lim_{\theta \to 0} \frac{\sin \theta - 0}{\theta}$$

$$= \lim_{\theta \to 0} \frac{\sin(0 + \theta) - \sin 0}{\theta}$$

と書けることがわかりますね。この式をじっくり見てください。何かハッと気づくことがありませんか。

$$\lim_{\theta \to 0} \frac{\sin \theta}{\theta} = \lim_{\theta \to 0} \frac{\sin(0 + \theta) - \sin 0}{\theta} \quad \cdots ⑥$$

は $y = \sin x$ の $x = 0$ における微分係数になっていませんか。⑥式の様子を図で考えると下のようになりますよ！

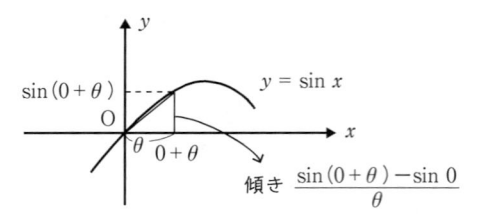

(図123) $y = \sin x$ の $x = 0$ における微分係数

　つまり、$y = \sin x$ と $y = \cos x$ の微分は k の値である

$$k = \lim_{\theta \to 0} \frac{\sin \theta}{\theta} \quad \cdots ⑦$$

→これは $y = \sin x$ の $x = 0$ における接線の傾きの値が求められれば

$$(\sin x)' = k\cos x, \quad (\cos x)' = -k\sin x \quad \cdots ⑤$$

に代入して、$\sin x$ や $\cos x$ の導関数が一瞬で得られることになります。そしてこの k の値が1であれば、⑤より

$$(\sin x)' = \cos x, \quad (\cos x)' = -\sin x \quad \cdots ⑤'$$

というとてもきれいな結果が得られますよね。

そして弧度法によるとこれから示すように、この期待が何と実現されるのです。

$(\sin x)' = k\cos x, \quad (\cos x)' = -k\sin x \quad \cdots ⑤$ のカギを握る

$$k = \lim_{\theta \to 0} \frac{\sin \theta}{\theta} \quad \cdots ⑦$$

の値を、弧度法を用いて調べてみましょう。

原点Oを中心とする半径1の円において、中心角 θ の扇形を考えます。このとき θ は弧度法の角(半径1の θ 倍の弧

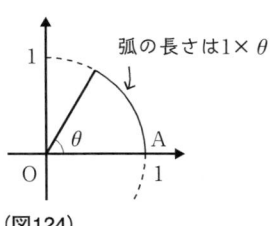

(図124)

の長さに相当する角）であることに注意してください。

　点BからOAに下ろした垂線をBH、点Aにおける円の接線がOBの延長と交わる点をTとします。

　このとき（図125）のように、△OAB、扇形OAB、△OATの面積の大きさを比べると明らかに

　　△OAB＜扇形OAB＜△OAT　…⑧

が成り立ちますね。

　ここで△OABに着目すると

$$\sin\theta = \frac{\text{BH}}{\text{OB}} = \frac{\text{BH}}{1} \quad \cdots ⑨$$

が成り立つことは大丈夫ですね。

　また△OATに着目すると

$$\tan\theta = \frac{\text{AT}}{\text{OA}} = \frac{\text{AT}}{1} \quad \cdots ⑩$$

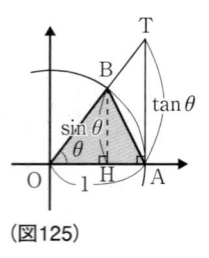

が成り立つこともわかりますね。よって

　⑨より　　BH $= \sin\theta$　…⑨′

　⑩より　　AT $= \tan\theta$　…⑩′

172

第1章 微分

とわかります。

このとき△OABと△OATの面積は
$$\triangle OAB = OA \times BH \times \frac{1}{2}$$
$$= 1 \times \sin\theta \times \frac{1}{2} \quad \cdots ⑪$$
$$\triangle OAT = OA \times AT \times \frac{1}{2}$$
$$= 1 \times \tan\theta \times \frac{1}{2} \quad \cdots ⑫$$

また扇形OABの面積は、(図126)のように円全体面積の $\dfrac{\theta}{2\pi}$ ですから

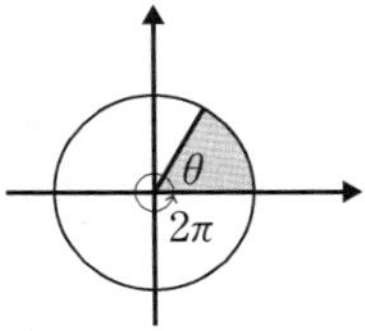

扇形OAB
$$= 1 \times 1 \times \pi \times \frac{\theta}{2\pi} \quad \cdots ⑬$$
$$= \frac{1}{2} \cdot 1^2 \cdot \theta$$

(図126)

になります。

そこで⑪、⑫、⑬を⑧に代入して、

$$\underbrace{\frac{1}{2} \cdot 1 \cdot \sin\theta}_{\triangle OAB} < \underbrace{\frac{1}{2} \cdot 1^2 \cdot \theta}_{\text{扇形OAB}} < \underbrace{\frac{1}{2} \cdot 1 \cdot \tan\theta}_{\triangle OAT}$$

すなわち、
$$\sin\theta < \theta < \tan\theta \quad \cdots ⑭$$
が成り立ちますね。

今、BH = sin θ …⑨′でしたから、BH＞0より sin θ も sin θ ＞0です。

よって⑭式の辺々を sin θ（＞0）で割っても不等号の向きは変わらず、

$$1 < \frac{\theta}{\sin\theta} < \boxed{\frac{\tan\theta}{\sin\theta}}$$

$\dfrac{\frac{\sin\theta}{\cos\theta}}{\sin\theta} = \dfrac{1}{\cos\theta}$ になります

$$1 < \frac{\theta}{\sin\theta} < \frac{1}{\cos\theta}$$

逆数をとると⇒このとき不等号の向きは逆になります

$$1 > \frac{\sin\theta}{\theta} > \cos\theta \quad \cdots ⑮$$

が成り立ちます。

ここでθを0に近づけると cos θ は1に近づきますね。すると$\theta \to 0$のとき、

$$1 > \frac{\sin\theta}{\theta} > \cos\theta \quad \cdots ⑮$$

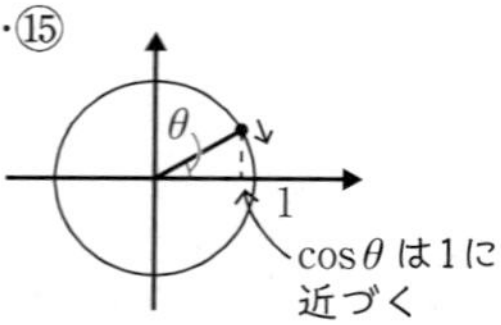

の右辺にある cos θ が、cos $\theta \to 1$ になります。これはどういうことかというと

(図127) 単位円と cos θ

第1章　微分

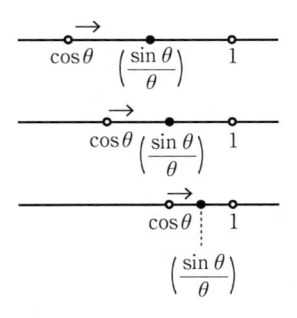

(図128)

のように$\cos\theta$はどんどん1に近づきますが、

$$\cos\theta と \frac{\sin\theta}{\theta} と 1 との大小関係$$

も成り立っていますから、(図128)のように1と$\cos\theta$の間にはさまれている$\frac{\sin\theta}{\theta}$の値も1に近づいていくのです。

　　よって　$\displaystyle\lim_{\theta\to 0}\frac{\sin\theta}{\theta} = 1$　…⑯

が成り立つことがわかります。

このようにほしい値 $\dfrac{\sin\theta}{\theta}$ を⑮式のように２つの値ではさんで、はさんだ２つの式の極限を考えることで、はさまれた式の極限を求める方法を**はさみうちの原理**といいます。

　さて $\theta \to 0$ のとき、$\cos\theta \to 1$ ですから
$$1 > \dfrac{\sin\theta}{\theta} > \cos\theta \quad \cdots ⑮$$

についてはさみうちの原理から $\dfrac{\sin\theta}{\theta} \to 1$
つまり
$$k = \lim_{\theta \to 0} \dfrac{\sin\theta}{\theta} = 1 \quad \cdots ⑯$$

を示すことができました。
　私たちがほしかった k の値はなんと 1 だったのです。

　ところでもう一度思い出してください。k は

$$k = \lim_{\theta \to 0} \dfrac{\sin\theta}{\theta} \quad \cdots ⑦$$

$$= \lim_{\theta \to 0} \dfrac{\sin(0-\theta) - \sin 0}{\theta}$$

→ $\sin 0 = 0$ です

第 1 章　微分

のように変形すれば、$y = \sin x$ の $x = 0$ における微分係数を表していましたね。

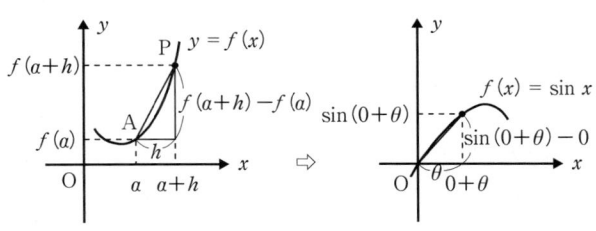

(図129)

微分係数 $f'(a)$ は

$$f'(a) = \lim_{h \to 0} \frac{f(a+h) - f(a)}{h}$$

でした

微分係数 $f'(0)$ は

$$f'(0) = \lim_{\theta \to 0} \frac{\sin(0+\theta) - 0}{\theta}$$

ですね

⇩

$$f'(0) = \lim_{\theta \to 0} \frac{\sin \theta}{\theta} = 1 \text{ より}$$

$x = 0$ における接線の傾きはなんと1です！

つまり

$$k = \lim_{\theta \to 0} \frac{\sin \theta}{\theta} = \lim_{\theta \to 0} \frac{\sin(0+\theta) - 0}{\theta} = 1$$

とは、

$y = \sin x$ の $x = 0$ における微分係数が 1

すなわち

$y = \sin x$ の $x = 0$ における接線の傾きが 1

という感動的な結果が得られたのです。

さらに p.169 に示したように

$$(\sin x)' = k\cos x, \quad (\cos x)' = -k\sin x \quad \cdots ⑤$$

でしたから、$k = 1$ ということは

$$(\sin x)' = \cos x, \quad (\cos x)' = -\sin x$$

というとてもきれいな導関数を得ることもできました。

そしてこれらのことが可能になったのは弧度法という新しい角の取り方をしたからに他ならなかったのです。人間の知恵はなんと素晴らしいと思いませんか♥

さて三角関数の極限を考えるにあたって多くの公式を使ってきましたので、一度三角関数の諸公式群を整理しておきましょう。

原則6 〈三角関数の諸公式〉

(1) $\sin\theta = \dfrac{b}{c}$, $\cos\theta = \dfrac{a}{c}$,

　　$\tan\theta = \dfrac{b}{a}$

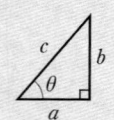

(2) $\sin^2\theta + \cos^2\theta = 1$

$$\tan\theta = \frac{b}{a} = \frac{\frac{b}{c}}{\frac{a}{c}} = \frac{\sin\theta}{\cos\theta}$$

(3) 加法定理

$\sin(\alpha \pm \beta) = \sin\alpha\cos\beta \pm \cos\alpha\sin\beta$ ⋯ⓐ

$\cos(\alpha \pm \beta) = \cos\alpha\cos\beta \mp \sin\alpha\sin\beta$ ⋯ⓑ

$\tan(\alpha \pm \beta) = \dfrac{\tan\alpha \pm \tan\beta}{1 \mp \tan\alpha\tan\beta}$ ⋯ⓒ

(4) 2倍角の公式

$\sin 2\alpha = 2\sin\alpha\cos\alpha$ ⋯ⓓ

$\cos 2\alpha = \cos^2\alpha - \sin^2\alpha$ ⋯ⓔ

$\tan 2\alpha = \dfrac{2\tan\alpha}{1 - \tan^2\alpha}$ ⋯ⓕ

(5) 和→積の公式、積→和の公式

$\sin A + \sin B = 2\sin\dfrac{A+B}{2}\cos\dfrac{A-B}{2}$ ⋯ⓖ

$\sin A - \sin B = 2\cos\dfrac{A+B}{2}\sin\dfrac{A-B}{2}$ ⋯ⓗ

$\cos A + \cos B = 2\cos\dfrac{A+B}{2}\sin\dfrac{A-B}{2}$ ⋯ⓘ

$\cos A - \cos B = -2\sin\dfrac{A+B}{2}\sin\dfrac{A-B}{2}$ ⋯ⓙ

$\sin\alpha\cos\beta = \dfrac{1}{2}\{\sin(\alpha+\beta) + \sin(\alpha-\beta)\}$ ⋯ⓚ

$\cos\alpha\sin\beta = \dfrac{1}{2}\{\sin(\alpha+\beta) - \sin(\alpha-\beta)\}$ ⋯ⓛ

$\cos\alpha\cos\beta = \dfrac{1}{2}\{\cos(\alpha+\beta) + \cos(\alpha-\beta)\}$ ⋯ⓜ

$\sin\alpha\sin\beta = -\dfrac{1}{2}\{\cos(\alpha+\beta) - \cos(\alpha-\beta)\}$ ⋯ⓝ

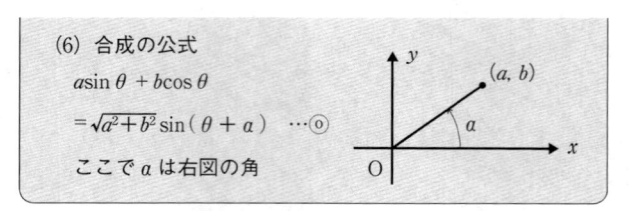

> (6) 合成の公式
> $a\sin\theta + b\cos\theta$
> $= \sqrt{a^2+b^2}\sin(\theta + \alpha)$ ⋯ⓞ
> ここで α は右図の角

　これらの公式は微分と積分の計算をするうえで欠かせませんから、出てくるたびにここでチェックしていくとよいですね。

(3) tan θ の微分

　私たちは (2) 弧度法の導入　で、
$$(\sin x)' = \cos x、(\cos x)' = -\sin x$$

というとてもきれいな結果を得ることができました。では tan x の導関数はどうなるでしょうか。

　原則5 〈微分の公式 part 2〉でまとめた

商の微分 $\left\{\dfrac{f(x)}{g(x)}\right\}' = \dfrac{f'(x)g(x) - f(x)g'(x)}{\{g(x)\}^2}$ ⋯ⓕ

を用いると

$$(\tan x)' = \left(\frac{\sin x}{\cos x}\right)'$$

$$= \frac{(\sin x)'\cos x - \sin x (\cos x)'}{\cos^2 x}$$

$$= \frac{\cos x \cdot \cos x - \sin x (-\sin x)}{\cos^2 x}$$

$$= \frac{\cos^2 x + \sin^2 x}{\cos^2 x}$$

$$= \frac{1}{\cos^2 x}$$

となりますね。

これで三角関数を含むいろいろな関数も微分できるようになりました♥

> 原則7 〈三角関数の微分〉
>
> $(\sin x)' = \cos x, \quad (\cos x)' = -\sin x$
>
> $(\tan x)' = \dfrac{1}{\cos^2 x}$

(4) 入試問題に挑戦

> **問題8**
>
> 次の関数を微分せよ。
> (1) $y = \dfrac{\sin x}{\sin x + \cos x}$
> (2) $y = \dfrac{1 - \tan x}{1 + \tan x}$

(解)

(1) $y' = \dfrac{(\sin x)'(\sin x + \cos x) - \sin x(\sin x + \cos x)'}{(\sin x + \cos x)^2}$

↑ ここは $\left\{\dfrac{f(x)}{g(x)}\right\}' = \dfrac{f'(x)g(x) - f(x)g'(x)}{\{g(x)\}^2}$ を用いています

$= \dfrac{\cos x(\sin x + \cos x) - \sin x(\cos x - \sin x)}{(\sin x + \cos x)^2}$

$= \dfrac{\sin^2 x + \cos^2 x}{(\sin x + \cos x)^2} = \dfrac{1}{(\sin x + \cos x)^2}$

(2) このままやると少し面倒です……。なのでまず $\tan x = \dfrac{\sin x}{\cos x}$ を用いて式を別の形にしましょう！

$$y = \frac{1-\tan x}{1+\tan x} = \frac{1-\dfrac{\sin x}{\cos x}}{1+\dfrac{\sin x}{\cos x}} = \frac{\cos x - \sin x}{\cos x + \sin x}$$

より

$$y' = \frac{(\cos x - \sin x)'(\cos x + \sin x) - (\cos x - \sin x)(\cos x + \sin x)'}{(\cos x + \sin x)^2}$$

$$= \frac{(-\sin x - \cos x)(\cos x + \sin x) - (\cos x - \sin x)(-\sin x + \cos x)}{(\cos x + \sin x)^2}$$

$$= \frac{-(\sin x + \cos x)^2 - (\cos x - \sin x)^2}{(\sin x + \cos x)^2}$$

$$= \frac{-2(\sin^2 x + \cos^2 x)}{(\sin x + \cos x)^2} = \frac{-2}{(\sin x + \cos x)^2}$$

問題9

次の関数を微分せよ。

$y = \cos^4(5x+4)$　　　　　　　　　（北見工業大）

(解)　$y = \cos^4(5x+4) = \{\cos(5x+4)\}^4$

$$\Leftrightarrow \begin{cases} y = f(u) = u^4 \\ u = \cos(5x+4) \end{cases}$$

より

$$\frac{dy}{dx} = \frac{dy}{du} \cdot \frac{du}{dx}$$

$$= 4u^3 \{\cos(5x+4)\}'$$

$$= 4\{\cos(5x+4)\}^3 \{\cos(5x+4)\}' \cdots ①$$

ここでもう一度 $\{\cos(5x+4)\}'$ に合成関数の微分を用いるのがポイントです。

$$y = \cos(5x+4) \Leftrightarrow \begin{cases} y = f(u) = \cos u \\ u = g(x) = 5x+4 \end{cases}$$

より

$$\frac{dy}{dx} = \frac{dy}{du} \cdot \frac{du}{dx}$$

$$= -\sin u \cdot 5 = -5\sin(5x+4)$$

これを①に代入して

$$\frac{dy}{dx} = 4\{\cos(5x+4)\}^3\{-5\sin(5x+4)\}$$

$$= -20\cos^3(5x+4)\sin(5x+4)$$

(ここも合成関数の微分がカギでしたね♥)

6. 指数・対数関数と微分

　いよいよ高校数学の最後の関数である指数関数・対数関数までたどり着きました。実は微分積分の中で最も活躍する定数は何かと問われたら、これからの説明で現れる

$$e = 2.718281828459\cdots\cdots$$

という定数なのですが、これがどのぐらい重要かというとおそらく円周率πに匹敵します。

　指数関数・対数関数と微分積分にはこの定数eが大きく関わっていて、それを理解できれば私たちは高校数学の範囲で考えるすべての関数を微分することができるようになります。➡それはすなわち、曲線上の点における傾きを教えてくれる導関数$f'(x)$の値を手に入れることができるということで、曲線上のある点における接線を求めることができ、各点においてそれぞれ曲線の接線を引くことで、曲線の概形がわかるということですね。

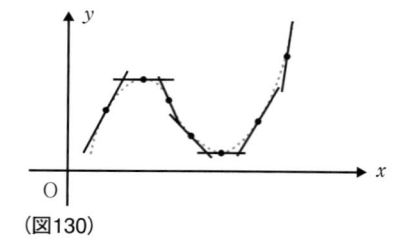

（図130）

第1章 微分

(1)指数関数・対数関数の復習から

$a \times a \times a \times \cdots\cdots \times a$ のように a を n 個かけ合わせたとき、$a \times a \times a \times \cdots\cdots \times a = a^n$ と表して、a の n 乗と呼ぶのでした。このときの n を指数といいます。

今ここで、指数は a を何個かけたかを表していますから、当然正の整数ですね。

高校数学ではこの指数を 0 のときや負の整数、有理数、無理数まで拡張して考えます。どうしてわざわざ拡張するのかというと、関数 $f(x) = a^x$ のグラフを描きたいからです。指数 x が正の整数であれば、たとえば $f(x) = 2^x$ のグラフは $x = 1, 2, 3, \cdots\cdots$ と代入することで右図（図131）のように点をとっていくことができますが、これでは $f(x) = 2^x$ のグラフは完成していませんね。

⇐ これでは $y=2^x$ のグラフはまだわからない

(図131)

もう少し細かく調べていくためには指数 x が

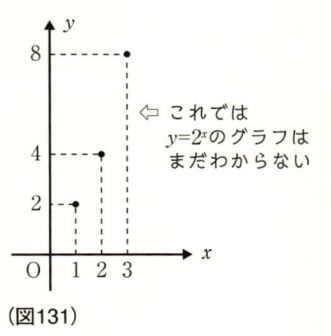

$$x = 0, \ x = -1, \ x = -2, \ x = \frac{1}{2}, \ x = \sqrt{2}, \ \cdots\cdots$$

187

などの場合の値が必要になります。

　詳しい話は高校数学の数学Ⅱで学ぶことにして、今は次のことだけ確認しておきましょう。

$$\cdots\cdots \frac{1}{8}, \frac{1}{4}, \frac{1}{2}, 1, 2, 4, 8, 16, \cdots\cdots$$

のように2倍ずつ変化している数を考えてみます。このとき,

$$\cdots\cdots \frac{1}{8}, \frac{1}{4}, \frac{1}{2}, 1, \underset{\substack{\| \\ 2^1}}{2}, \underset{\substack{\| \\ 2^2}}{4}, \underset{\substack{\| \\ 2^3}}{8}, \underset{\substack{\| \\ 2^4}}{16}, \cdots\cdots$$

(×$\frac{1}{2}$ ずつ)

←-------------- 指数が減っている

が成り立っていますから、同様に考えると

$$\underset{2^{-3}}{\frac{1}{8}}, \underset{2^{-2}}{\frac{1}{4}}, \underset{2^{-1}}{\frac{1}{2}}, \underset{2^{0}}{1}, \underset{2^{1}}{2}, \underset{2^{2}}{4}, \underset{2^{3}}{8}, \underset{2^{4}}{16}$$

のように表すのがとても自然ですね。このように、

$$2^0 = 1, \ 2^{-1} = \frac{1}{2}, \ 2^{-2} = \frac{1}{2^2} = \frac{1}{4}$$

と表すことで、$f(x) = 2^x$ の x に0や負の整数をいれても y の値が得られることになりました。

指数計算の約束として中学生以来学んできたのは $a^3 \times a^2 = a^{3+2} = a^5$ のような計算で、一般化すると
$$a^p \times a^q = a^{p+q} \quad \cdots ① \, (p、q は正の整数)$$
ということですが、これは p と q を 0 や負の整数にしても成り立ちます。たとえば
$$2^0 \times 2^{-1} = 1 \times \frac{1}{2} = \frac{1}{2^1} = 2^{-1}$$
$$\Leftarrow 2^0 \times 2^{-1} = 2^{0+(-1)} = 2^{-1}$$
のように①が成立していますね。

このようにして高校の数学では
$$a^p \times a^q = a^{p+q} \quad \cdots ①$$
の p と q を、

正の整数 ➡ 整数 ➡ 有理数（分数）➡ 無理数

のように順に拡張しても成り立つことを調べていきます。その話は数学Ⅱの指数関数に譲りますが、要は p、q が実数（整数・有理数・無理数）で成り立つということです。だから

$$2^{\frac{3}{2}} = 2^{1+\frac{1}{2}} = 2^1 \times 2^{\frac{1}{2}} = 2\sqrt{2}$$

となり、$f(x) = 2^x$ において $x = \frac{3}{2}$ を代入しても

$$f(\frac{3}{2}) = 2^{\frac{3}{2}} = 2\sqrt{2}$$

が得られ、これから次ページ図のようにすべての実数 x に対して $f(x) = 2^x$ の値が決まり、グラフが書ける

のです。

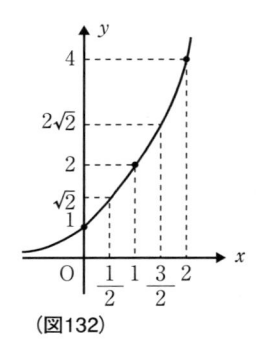

(図132)

このようにして $f(x) = 2^x$, $f(x) = 3^x$ ……のグラフを書いてみると次のようになります。

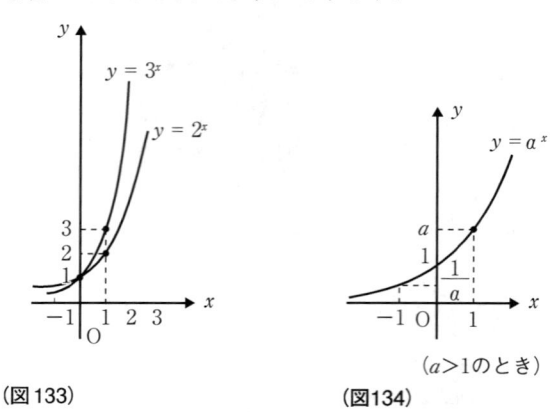

(図133)

(図134)
($a>1$のとき)

一般に $f(x) = a^x$ のグラフは $a > 1$ のとき(図134)のような形になります。では $f(x) = a^x$ の導関数を調べてみましょう。

（2）eとはどんな役割をする数か

導関数の定義によると

$$f'(x) = \lim_{h \to 0} \frac{f(x+h) - f(x)}{h} \quad \cdots \; (***)$$

はもう完璧になってきましたね。すると $f(x) = a^x$ の導関数は

$$f'(x) = \lim_{h \to 0} \frac{a^{x+h} - a^x}{h}$$

$$= \lim_{h \to 0} \frac{a^x \cdot a^h - a^x}{h} = \lim_{h \to 0} \frac{a^x(a^h - 1)}{h}$$

のようになりますが、この極限について a^x は h とは無関係ですから、$\displaystyle\lim_{h \to 0} \frac{a^h - 1}{h}$ が存在すれば $f'(x)$ が得られます。

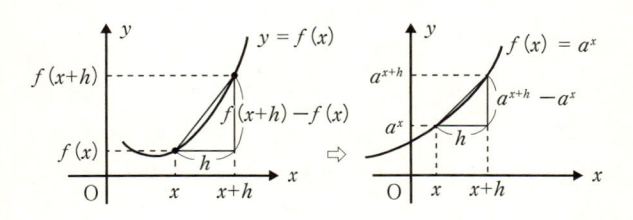

（図135）

そこで $\lim_{h \to 0} \dfrac{a^h - 1}{h} = k$ とおくと、

$$f'(x) = \lim_{h \to 0} a^x \cdot \boxed{\dfrac{a^h - 1}{h}} = ka^x$$

$\longrightarrow k$ に近づく

と書けて、ここで k の値は見方を変えると

$$k = \lim_{h \to 0} \dfrac{a^h - 1}{h}$$
$$= \lim_{h \to 0} \dfrac{a^{0+h} - a^0}{h}$$

ですから、これは関数 $f(x) = a^x$ の $x = 0$ における微分係数(接線の傾き)になっています。

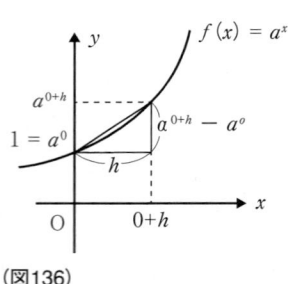

(図136)

ところでちょっと考えてみてください。今 a の値は $a > 1$ で考えていますが、a の値によって $y = a^x$ のグラフは(図137)のように変わり、当然ですが、点 (0, 1) における接線の傾きがいろいろであることがわかります。

では(図138)のように $y = a^x$ の点 (0, 1) における接線の傾きが1になるときの図もあるはずですね。

第1章 微分

(図137) $y = a^x$ は a の値が変わると $(0, 1)$ での接線の傾きが変わる

(図138) $y = \boxed{}^x$ この数はいくらだろう 傾き1

そこで接線の傾きが1になる $y = a^x$ の a の値（今はわかっていません）を $a = e$ という定数だと考えます。つまり $y = e^x$ のグラフは $(0, 1)$ における接線の傾きが1ですね。

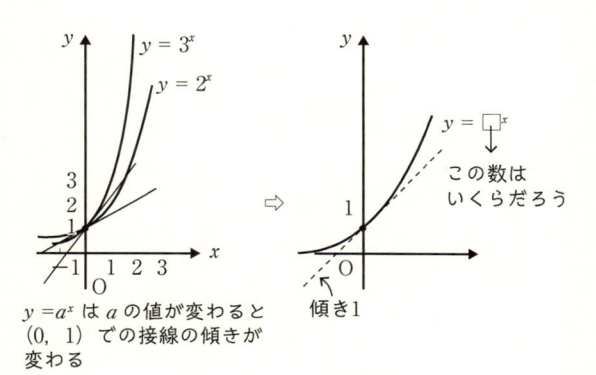

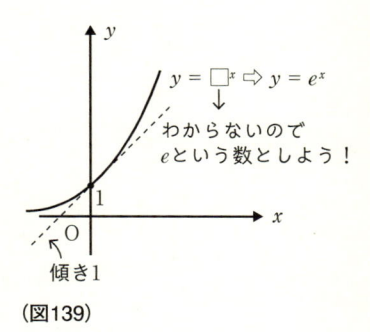

(図139) $y = \boxed{}^x \Rightarrow y = e^x$ わからないので e という数としよう！ 傾き1

すると k の値は

$$k = \lim_{h \to 0} \frac{a^h - 1}{h}$$

$$= \lim_{h \to 0} \frac{a^{0+h} - a^0}{h}$$

で、これは関数 $f(x) = a^x$ の $x = 0$ における微分係数（接線の傾き）でしたから、a を e に直して $f(x) = e^x$ のグラフであれば、

$$k = \lim_{h \to 0} \frac{e^h - 1}{h}$$
$$= \lim_{h \to 0} \frac{e^{0+h} - e^0}{h}$$
$$= 1$$

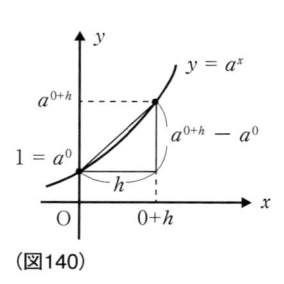

(図140)

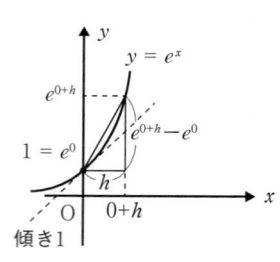

上図で $h \to 0$ とすると
$\frac{e^{0+h} - e^0}{h} \to 1$ ですね
（傾き）

と設定することができます。

(図141)

つまり $f(x) = a^x$ の導関数は p.191 のように

$$f'(x) = \lim_{h \to 0} \frac{a^{x+h} - a^x}{h} = \lim_{h \to 0} \frac{a^x \cdot a^h - a^x}{h}$$

$$= \lim_{h \to 0} a^x \cdot \boxed{\frac{a^h - 1}{h}} = ka^x$$

→ これが k に近づくと考えましたね

第 1 章　微分

でしたが、$f(x) = e^x$ の導関数は

$$f'(x) = \lim_{h \to 0} \frac{e^{x+h} - e^x}{h} = \lim_{h \to 0} \frac{e^x \cdot e^h - e^x}{h}$$

$$= \lim_{h \to 0} \frac{e^x(e^h - 1)}{h} = \lim_{h \to 0} e^x \cdot \boxed{\frac{e^h - 1}{h}} = e^x$$

　　　　　　　　　　　　　　　　　　↓
　　　　　　　　　　　　　　p.194より 1 に近づきます

となって、$f(x) = e^x$ の導関数は $f'(x) = e^x$ というと
　　　　　　　　　　　　　　　　　　↑
　　　　　　　　　　　　何と微分しても式が変わらない♥

ても美しい結果を得ることができます。

(3) 定数 e の値

$y = e^x$ のグラフは $(0, 1)$ において接線を引くと傾きが 1 になるのでした。つまり、

$$\lim_{h \to 0} \frac{e^h - 1}{h} = 1$$

ということですね。

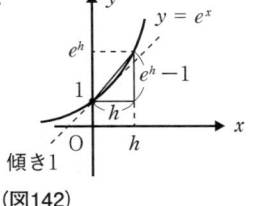

(図142)

ここでとても気になるのは定数 e の値ですが、それを理解するには対数関数を確認する必要があります。(最後の関数ですから頑張ってください♥)

p.188で指数関数を考えたときに

$$\cdots\cdots \frac{1}{8}, \frac{1}{4}, \frac{1}{2}, 1, 2, 4, 8, 16, \cdots\cdots$$
$$\| \quad \| \quad \| \quad \| \quad \| \quad \| \quad \| \quad \|$$
$$2^{-3} \; 2^{-2} \; 2^{-1} \; 2^0 \; 2^1 \; 2^2 \; 2^3 \; 2^4$$

という数の並びで説明しましたが、今度は

$$\cdots\cdots \frac{1}{8}, \frac{1}{4}, \frac{1}{2}, \boxed{1, 2, 3, 4,} 5, \cdots\cdots$$

などを見てみます。

$$\begin{array}{cccc} 1 & 2 & 3 & 4 \\ \| & \| & \| & \| \\ 2^0 & 2^1 & 2^\square & 2^2 \end{array}$$

のように2を基準にとって（これを2を底にとるといいます）それらの数が2の何乗で表されるかを考えます。

問題は2を何乗したら3になるかですが、上の様子から□の数は何となく

$$3 = 2^{1.5}$$

のような気がしますが、残念ながら違います。

$$2^{\frac{3}{2}} = 2^1 \cdot 2^{\frac{1}{2}} = 2 \cdot \sqrt{2} = 2.828\cdots\cdots \neq 3$$

だからです。

第1章 微分

そこで $2^□ = 3$ をみたす□の説明を
　　□とは2の右上につく指数で計算すると3に
　　なる数
　　⇕
　　　　　　　　　　3を表すイメージ
　　□ = log₂3　←　□ = log₂3　⇔　$2^□ = 3$
　　　　　　　　　2の右上に□をつけて

のように表現します。logは
ログとよんで、2の右上に□
をつけて3を表すという位置
関係を示す記号だと思って
下さい。ちょうど、$\cos\theta$ が
単位円上で角θ回ったときの　（図143）
点Pのx座標を見よという位置関係の表現と同じ感じ
です。

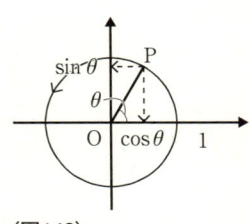

　一般化すると
　　　　　　xを表すイメージ
　　$y = \log_a x$　⇔　$a^y = x$
　　　　aの右上にyをつけて

を表していることになりますね。

　さてこのときたとえば
　$y = \log_2 4,\ \ y = \log_2 8,\ \ y = \log_2 16$

197

はいくらでしょう。

$y = \log_2 2^2 \Leftrightarrow 2^y = 2^2$ ですから $y = 2$
$y = \log_2 2^3 \Leftrightarrow 2^y = 2^3$ ですから $y = 3$
$y = \log_2 2^4 \Leftrightarrow 2^y = 2^4$ ですから $y = 4$

すると

$\log_2 2^2 = 2,\ \log_2 2^3 = 3,\ \log_2 2^4 = 4$

のようになっていて、

$\log_2 2^② = 2 \times \underbrace{\log_2 2}_{1\ らしい} = 2,\ \log_2 2^③ = 3 \times \underbrace{\log_2 2}_{1\ らしい} = 3$

$\log_2 2^④ = 4 \times \underbrace{\log_2 2}_{1\ らしい} = 4$

が成り立っているように見えませんか。実際

$y = \log_2 2 \Leftrightarrow 2^y = 2$ ですから $y = 1$

つまり

$1 = \log_2 2$

ですから上の推定は正しかったのです。

一般に

$\log_a a = 1,$
$\underbrace{\log_a a^{⊗}}_{} = x \times \underbrace{\log_a a}_{1} = x$

さらに $\log_a p^m = m \times \log_a p$

が成り立ちます。

第1章 微分

　さて、これだけ準備しておくと、いよいよ私たちはeの値を調べることができるのです。

$$\lim_{h \to 0} \frac{e^h - 1}{h} = 1 \quad \cdots ①$$

という式において$e^h - 1 = t$とおくと、

$$e^h = t + 1 = 1 + t \quad \cdots ②$$

とかけます。すると対数の底をeとして

$$\log_e e^h = \log_e (1+t)$$
$$\therefore h \times \underbrace{\log_e e}_{1} = \log_e (1+t)$$

$\log_a a = 1$ より
$\log_e e = 1$

ですから、

$$h = \log_e (1+t) \quad \cdots ③$$

　└→ この式は $h = \log_e(1+t)$ 　　　　$1+t$ を表す
　　　　　　　　　　　　　　　　　　　eの右上にhをつけて

　　　　このように見ると $e^h = 1+t$ …②になっています！

になりますね。ここで$h \to 0$のとき②式より$t \to 0$です。

　これを①に用いると

$$\lim_{h \to 0} \frac{e^h - 1}{h} = 1 \quad \cdots ①$$

$$\Leftrightarrow \lim_{t \to 0} \frac{t}{\log_e (1+t)} = 1$$

$$\Leftrightarrow \lim_{t \to 0} \frac{1}{\frac{\log_e(1+t)}{t}} = 1$$

$$\Leftrightarrow \lim_{t \to 0} \frac{1}{\boxed{\frac{1}{t}\log_e(1+t)}} = 1 \to \text{ここが1に近づくということ}$$

$$\Leftrightarrow \lim_{t \to 0} \frac{1}{t}\log_e(1+t) = 1$$

$$\Leftrightarrow \lim_{t \to 0}\log_e(1+t)^{\frac{1}{t}} = 1$$

前々頁の
$\log_a p^m = m \times \log_a p$ の
関係を使っています

この式 $\lim\limits_{t \to 0}\log_e(1+t)^{\frac{1}{t}} = 1$ というのは lim を使わないで表現すると

  $t \to 0$ のとき $\log_e(1+t)^{\frac{1}{t}} \to 1$ に近づく

言い換えると

  $t \to 0$ のとき $(1+t)^{\frac{1}{t}} \to e$

    $t \to 0$ のとき $\log_e(1+t)^{\frac{1}{t}} \fallingdotseq 1$
        $\Updownarrow$
      $e^1 \fallingdotseq (1+t)^{\frac{1}{t}}$

すなわち

$$\lim_{t \to 0}(1+t)^{\frac{1}{t}} = e$$

ということを表しています。

 そうなんです。e の値は $t \to 0$ のとき $(1+t)^{\frac{1}{t}}$ の極限として捉えることができるのですね。

第1章 微分

ところでニュートンの時代の人たちはこの $(1+t)^{\frac{1}{t}}$ の値を手作業で

t	$(1+t)^{\frac{1}{t}}$	t	$(1+t)^{\frac{1}{t}}$
1	**2**		
0.1	**2.59374**……	-0.1	**2.86797**……
0.01	**2.70481**……	-0.01	**2.73199**……
0.001	**2.71692**……	-0.001	**2.71964**……
0.0001	**2.71814**……	-0.0001	**2.71841**……
0.00001	**2.71826**……	-0.00001	**2.71829**……

(図144)

のように求めていて、この表から $(1+t)^{\frac{1}{t}}$ の値はどんどん 2.7182…… に近づいている様子がわかりますね。こうして

$t \to 0$ のとき $(1+t)^{\frac{1}{t}} \to e\,(2.7182\cdots\cdots)$

すなわち

$$\lim_{t \to 0} (1+t)^{\frac{1}{t}} = e\,(2.7182\cdots\cdots)$$

として e の値を求めることができたのです。今では

$e = 2.718281828459045\cdots\cdots$

のように精密な値がわかっています。

それにしても昔の人たちの手作業による計算には頭が下がりますね。

201

さてこれで私たちは $y = e^x$ を微分すると
　　　$y' = e^x$
であること、さらに $y = e^x$ のグラフを書くと (0, 1) における接線の傾き ($x = 0$ での微分係数) が1であることを知りました。

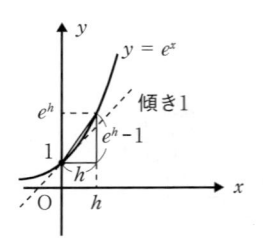

$h \to 0$ とすると
(0, 1) における接線の傾きは1

(図145)

　ではいよいよ高校数学最後の関数である $f(x) = \log_a x$ の導関数を調べてみましょう。

(4)対数関数の微分

底を a にとって、$f(x) = \log_a x$ の導関数を考えてみます。

たとえば $f(x) = \log_2 x$ であれば

$f(1) = \log_2 1 \quad = 0$

$f(2) = \log_2 2 \quad = 1$

$f(4) = \log_2 4 \quad = \log_2 2^2 \quad = 2 \times \log_2 2 = 2$

$f(8) = \log_2 8 \quad = \log_2 2^3 \quad = 3 \times \log_2 2 = 3$

$\vdots$

などのように調べてグラフを書くと(図146)のようになります。

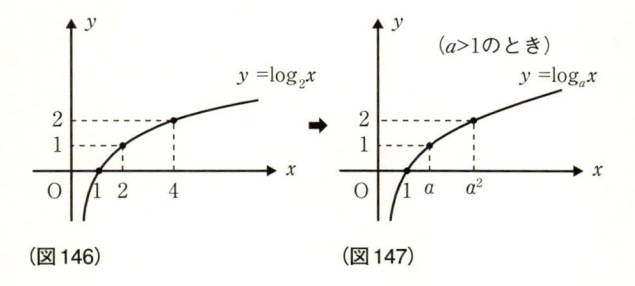

(図146)   (図147)

そして一般に $f(x) = \log_a x$ (ただし底 $a>1$) のグラフは(図147)のような形をしています。

そこで $f(x) = \log_a x$ の導関数ですが、再び導関数

203

の定義によると　←もう何度も使いましたが、ついに最後です♥

$$f'(x) = \lim_{h \to 0} \frac{f(x+h) - f(x)}{h} \cdots (***)$$

でしたから、
$f(x) = \log_a x$ の導関数は

$$f'(x) = \lim_{h \to 0} \frac{f(x+h) - f(x)}{h}$$

$$= \lim_{h \to 0} \frac{\log_a(x+h) - \log_a x}{h}$$

$$= \lim_{h \to 0} \frac{1}{h} \left\{ \log_a(x+h) - \log_a x \right\}$$

↓ ここで対数の基本変形の1つ
$\log_a P - \log_a Q = \log_a \dfrac{P}{Q}$
を使います

$$= \lim_{h \to 0} \frac{1}{h} \log_a \frac{x+h}{x}$$

$$= \lim_{h \to 0} \frac{1}{h} \log_a \left(1 + \frac{h}{x}\right)$$

(ここで $\dfrac{h}{x} = t$ とおくと $h \to 0$ のとき $t \to 0$ ですね)

$$= \lim_{t \to 0} \frac{1}{tx} \log_a (1+t)$$

↑ $\dfrac{h}{x} = t$ より $\dfrac{1}{h} = \dfrac{1}{tx}$ です

$$= \lim_{t \to 0} \frac{1}{x} \cdot \frac{1}{t} \log_a (1+t)$$

$$= \lim_{t \to 0} \frac{1}{x} \cdot \log_a \boxed{(1+t)^{\frac{1}{t}}} \Leftarrow \begin{array}{l} \log_a p^m \\ = m \times \log_a p \\ \text{を使っています} \end{array}$$

$$= \frac{1}{x} \log_a e \quad \text{ここが}t \to 0\text{のとき}e\text{に近づくことを} \\ \text{p.200で学びました！}$$

つまり $f(x) = \log_a x$ の導関数は

$$f'(x) = \frac{1}{x} \log_a e$$

ということになります。

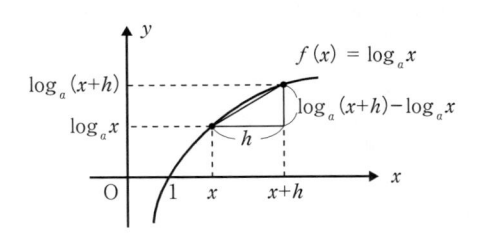

(図148)

さあ、皆さんも考えてください。
私たちは $f(x) = \log_a x$ の導関数を求めたいとき、

$$f'(x) = \frac{1}{x} \log_a e$$

ですから、$f'(x)$ の値が知りたいときはつねに $\frac{1}{x}$ に $\log_a e$ の値をかける作業が必要になります。

ではもしも $f(x) = \log_a x$ の底を a でなく e にとったらどうでしょうか。

すると $f(x) = \log_e x$ の導関数は

$$f'(x) = \frac{1}{x} \times \log_e e = \frac{1}{x}$$

　　　　　　　　　↑ $\log_e e = 1$ です

というとてもきれいな結果を使うことができますね。

そこで私たちは数学Ⅲで微積分を扱うとき、
指数関数は $f(x) = a^x$ でなく $f(x) = e^x$
対数関数は $f(x) = \log_a x$ でなく $f(x) = \log_e x$
を用いることで

$f(x) = e^x$ のとき $f'(x) = e^x$,
$f(x) = \log_e x$ のとき $f'(x) = \dfrac{1}{x}$

が使えて計算を大幅に減らすことができるのです。

以後微積分では対数関数の底は e で扱いますので、微積分で $\log x$ を見たら底が書いてない場合 e の省略と思って考えます（微積分ではほとんどの場合、e を省略した形で書いてあります。このときの $\log x$ を自然対数といいます）。

第1章　微分

> 原則8 〈指数・対数関数の導関数〉
>
> $(e^x)' = e^x, \quad (\log x)' = \dfrac{1}{x}$

　さあ、これで高校数学で現れるすべての関数について、私たちは微分をすることができるようになりました。

　実際に2つだけ入試問題を用いて、与えられた関数の導関数を求めてみましょう♥　→なんかワクワクしませんか♥

> **問題10**
>
> 次の関数を微分せよ。
> (1) $y = e^x \sin x$
> (2) $y = (\log x)^3$

(解) (1) $\Big(\{f(x) g(x)\}' = f'(x) g(x) + f(x) g'(x)$
$\cdots$ⓔを使えばすぐにできますね $\Big)$

$y = e^x \sin x$ より

$y' = (e^x)' \sin x + e^x (\sin x)'$

$\quad = e^x \sin x + e^x \cos x$

$\quad = e^x (\sin x + \cos x)$

(2) (今度は $\dfrac{dy}{dx} = \dfrac{dy}{du} \cdot \dfrac{du}{dx}$ で一発です)

$y = (\log x)^3 \Leftrightarrow \begin{cases} y = f(u) = u^3 \\ u = g(x) = \log x \end{cases}$ より

$\dfrac{dy}{dx} = \dfrac{dy}{du} \cdot \dfrac{du}{dx} = 3u^2 \cdot \dfrac{1}{x}$

$\quad = 3(\log x)^2 \cdot \dfrac{1}{x}$

$\quad = \dfrac{3}{x} (\log x)^2$

第1章 微分

問題11

次の関数を微分せよ。
$$y=\log(x+\sqrt{x^2+1})$$

(津田塾大)

(解)
$$y=\log(x+\sqrt{x^2+1}) \Leftrightarrow \begin{cases} y=f(u)=\log u \\ u=g(x)=x+\sqrt{x^2+1} \end{cases}$$

より

$$\frac{dy}{dx}=\frac{dy}{du}\cdot\frac{du}{dx}=\frac{1}{u}(x+\sqrt{x^2+1})'$$

$$=\frac{1}{x+\sqrt{x^2+1}}\{1+(\sqrt{x^2+1})'\} \cdots ①$$

ここで $(\sqrt{x^2+1})'$ についてもう一度合成関数の微分を用いると

$$y=\sqrt{x^2+1} \Leftrightarrow y=(x^2+1)^{\frac{1}{2}} \Leftrightarrow \begin{cases} y=f(u)=u^{\frac{1}{2}} \\ u=g(x)=x^2+1 \end{cases}$$

より

$$\frac{dy}{dx}=\frac{dy}{du}\cdot\frac{du}{dx}=\frac{1}{2}u^{-\frac{1}{2}}\cdot(2x)$$

$$=\frac{x}{u^{\frac{1}{2}}}=\frac{x}{(x^2+1)^{\frac{1}{2}}}=\frac{x}{\sqrt{x^2+1}}$$

209

これを①に代入して

$$\frac{dy}{dx} = \frac{1}{x+\sqrt{x^2+1}}\left(1+\frac{x}{\sqrt{x^2+1}}\right)$$

$$= \frac{1}{x+\sqrt{x^2+1}} \cdot \frac{x+\sqrt{x^2+1}}{\sqrt{x^2+1}}$$

$$= \frac{1}{\sqrt{x^2+1}}$$

(なんとずいぶんきれいな答えがでてきましたね)

7. 増減表と凹凸表

　今まで学んだことを基に未知のグラフを書くにはどうすればいいかを考えます。これは古代・中世の数学にはなかったことで、近代になって、天体の運行を研究したり、砲弾の軌跡を研究したりするうえで、xy平面上に(x, y)をとってxとyの関係式を作りながらその関係をグラフにして、変化の様子を調べようとしたことはすでにお話ししました。

　これまでの話で、私たちはすでにたとえば$y = \frac{1}{3}x^3$のグラフ程度なら大体の様子をつかむことができています。
　それは
$$f(x) = \frac{1}{3}x^3$$
の導関数を求めることで
$$f'(x) = \left(\frac{1}{3}x^3\right)' = \frac{1}{3} \times 3x^2 = x^2$$
が得られ、xにいろいろな値を入れることで曲線上の
$$x = 0, 1, 2, 3, \cdots\cdots$$
の接線の傾きが
$$f'(0) = 0, \ f'(1) = 1, \ f'(2) = 4,$$
$$f'(3) = 9\cdots\cdots$$

のようにわかり、xの値をさらにどんどん調べていくことで（図149）のように接線を書き込んで、曲線の概形がつかめるからです。

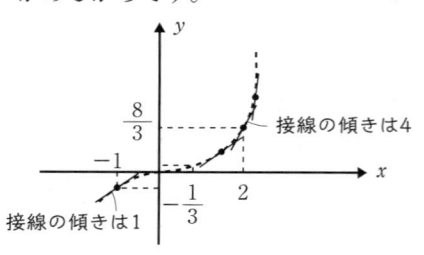

(図149)

けれども毎回、このようにxの値を代入しながら、その点における接線の傾きを調べて曲線の概形をつかむのでは時間がかかってしまいます。

そこで変化の様子を、もう少し統一的な見方をしながら考えてみましょう。

(1)関数の増加と減少

今ここに$f(x) = x^3 - 3x$で表される関数があります。この式はxにどのような実数を入れても$f(x)$の値が決まりますから、そのときの点(x, y)をつないでいけば、連続したグラフになるはずですね。

ではこの関数の導関数を求めてみます。

$$f(x) = x^3 - 3x$$

$$f'(x) = (x^3 - 3x)'$$
$$= (x^3)' - (3x)'$$
$$= 3x^2 - 3$$

この導関数 $f'(x)$ というのは曲線上のある点 (x, y) の x 座標を代入すると、その点における接線の傾きがわかるものでした。

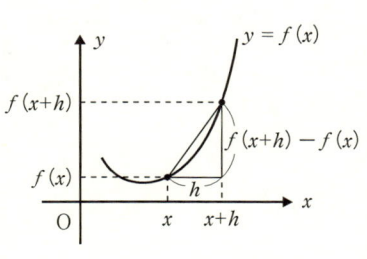

$f'(x) = \lim_{h \to 0} \dfrac{f(x+h)-f(x)}{h}$ は点 $(x, f(x))$ における接線の傾きになっていました！

（図150）

では $f'(x) = 3x^2 - 3$ において、$f'(x) = 0$ は何を表しているでしょうか。

$f'(x) = 0$ は下図のように

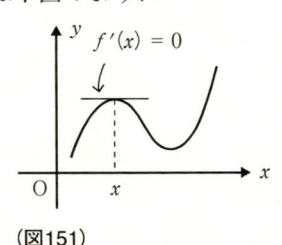

（図151）

曲線上のある x 座標において接線の傾きが0であることを表していますね。すると

$f'(x) = 3x^2 - 3 = 0$ を解くと

213

$$3(x^2-1) = 0$$
$$3(x+1)(x-1) = 0$$

ですから、$x=-1$ と $x=1$ の曲線上の点における接線を引くと傾きが0になっているということです。

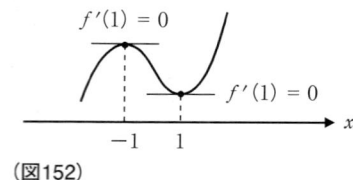

(図152)

では $f'(x) = 3x^2 - 3$ の x に1よりも大きい数をいろいろ代入してみてください。すると1より大きい数なら何を代入しても $f'(x) > 0$ になりましたね。

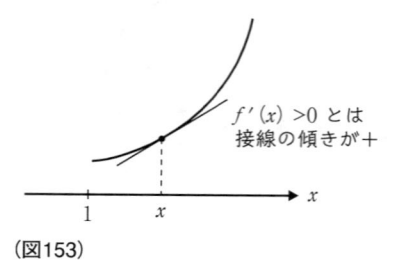

(図153)

ということは $x > 1$ の区間では接線の傾きは+、すなわち右上がりの接線が引けるということになります。

同様に $f'(x) = 3x^2 - 3$ の x に $-1 < x < 1$ の区間の数を代入してみる

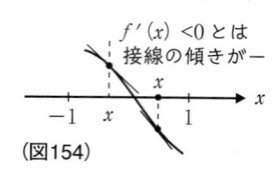

(図154)

第1章 微分

と、今度は常に$f'(x) < 0$になりました。つまり$-1 < x < 1$の区間では曲線上で接線を引くと、右下がりの接線が引けるということです。

さらに$f'(x) = 3x^2 - 3$のxに$x < -1$をみたすxの値をいろいろ代入してみると、$f'(x) > 0$になりますね。

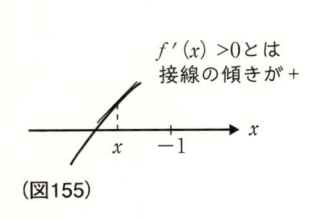

ということは$x < -1$の区間では曲線上に引いた接線の傾きはすべて＋、すなわち右上がりの接線が引けるのだとわかります。

(図155)

このことを下の表のように一覧で示していきます。

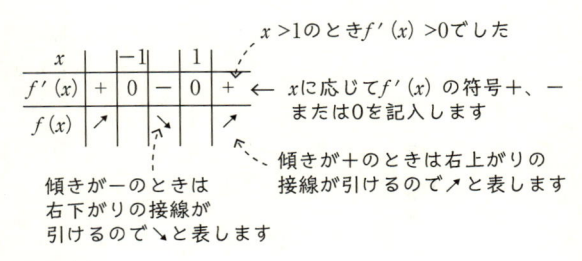

x		-1		1	
$f'(x)$	＋	0	−	0	＋
$f(x)$	↗		↘		↗

$x>1$のとき$f'(x)>0$でした

xに応じて$f'(x)$の符号＋、−または0を記入します

傾きが＋のときは右上がりの接線が引けるので↗と表します

傾きが−のときは右下がりの接線が引けるので↘と表します

(図156)

さらに

215

$f(x) = x^3 - 3x \cdots$ ①

$f'(x) = 3x^2 - 3 = 3(x+1)(x-1)$ …②

でしたから①式に $x = -1$、$x = 1$ の値を代入して、

$f(-1) = 2$, $f(1) = -2$ ← 曲線上のy座標の値です

を得ますね。これも先ほどの表に書き込むと

x		-1		1	
$f'(x)$	+	0	−	0	+
$f(x)$	↗	2	↘	−2	↗

のような表が完成します。

$f'(x)$ の部分が接線の傾きを表していて、このグラフは

　　$x < -1$ では接線が↗のように右上がりになる

　　$-1 < x < 1$ では接線が↘のように右下がりになる

　　$1 < x$ では接線が↗のように右上がりになる

　　$x = -1$ つまり点 $(-1, 2)$ では接線の傾きが0

　　$x = 1$ つまり点 $(1, -2)$ でも接線の傾きは0

であることが機械的にわかるようになりました。

$f(x) = x^3 - 3x \cdots$ ①

の関数は連続関数で、どこでも導関数を求められる（接線の傾きが存在する）ので、今わかった事実をもとに滑らかな曲線でつなぐと

第1章 微分

> 補足
>
> $x = a$のとき接線の傾きが
> 1つに決まりませんね。
> ⇩
> つまり$x = a$では$f'(x)$が求まりません
>
> **(図157)連続関数でも微分係数がない場合があります**

$x = -1$のところで
$\underline{f'(-1)}=0$
傾き

$f(x) = x^3 - 3x$

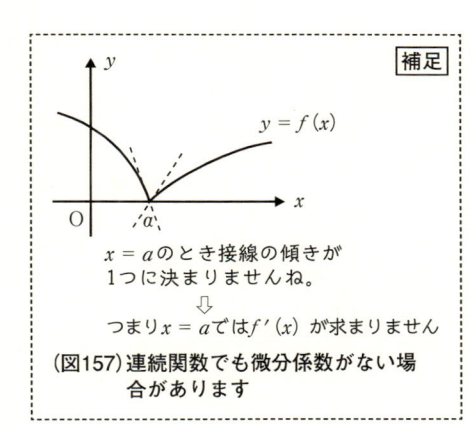

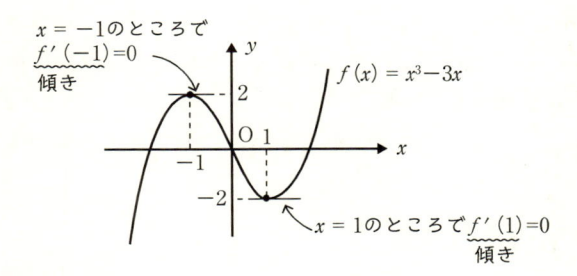

$x = 1$のところで$\underline{f'(1)}=0$
傾き

(図158)

のグラフを得ることができます。

このように今までは導関数
$$f'(x) = 3x^2 - 3 = 3(x+1)(x-1)$$
に対していろいろなxの値を代入し、各x座標におけ

217

る接線の傾きを求め、原則2を用いてその点における接線の式を確定し、様々な点における接線をたくさん引いて

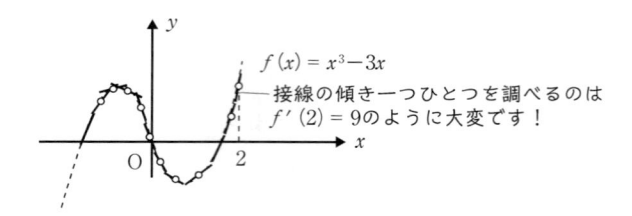

$f(x) = x^3 - 3x$

接線の傾き一つひとつを調べるのは $f'(2) = 9$ のように大変です！

(図159)

だいたいの曲線の形をつかんでいたのですが、これからは先ほどの表を機械的に作ることによりグラフの概形を把握することができるようになったのです。ここで書いた表のことを、曲線の増加と減少の様子がわかるので**増減表**と呼びます。

$f(x) = x^3 - 3x$
$f'(x) = 3x^2 - 3$
$ = 3(x+1)(x-1)$

x		-1		1	
$f'(x)$	$+$	0	$-$	0	$+$
$f(x)$	↗	2	↘	-2	↗

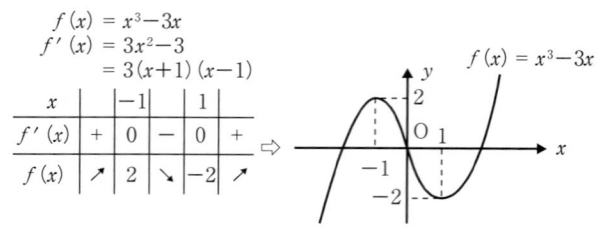

$\Rightarrow$ $f(x) = x^3 - 3x$

↗ ↘ ↗ の形がグラフの形にもなっていますね！

(図160)

(2) 上に凸、下に凸

ところでみなさんは今、上の増減表と曲線を描いていきながら、なにか戸惑うところはありませんでしたか？

それは増減表は$f'(x)$の符号、つまり接線を引いたときの傾きが右上がりか左上がりしか調べていないのに、どうして上の（図160）の形に決まるのだろうかという疑問です。$f'(x)$（傾き）の符号だけなら下の（図161）の形はないのでしょうか。

$f(x) = x^3 - 3x$
$f'(x) = 3(x+1)(x-1)$

x		-1		1	
$f'(x)$	$+$	0	$-$	0	$+$
$f(x)$	↗	2	↘	-2	↗

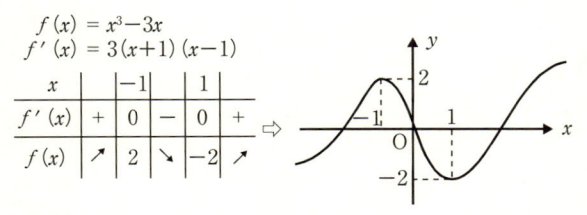

(図161)

これはとてもよい質問です。そうなんです。正確にいうと、接線の傾きが↗であることがわかっても、曲線の様子は次のように

$f'(x) > 0$　　　$y = f(x)$

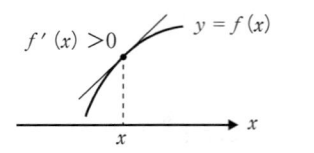

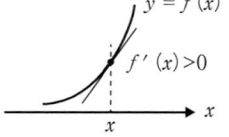

$y = f(x)$　　　$f'(x) > 0$

（曲線の上昇率が減っている）　　（曲線の上昇率が増えている）
（図162）　　　　　　　　　（図163）

2つの状態が考えられます。

だから増減表の↗を見ただけでは（図162）のグラフになるのか、（図163）のグラフになるのかは決まりません。

では、それを決めるには何が必要なのでしょうか。もう一度（図162）と（図163）の様子を見てください。

さらに接線を多く書き込んでみると、

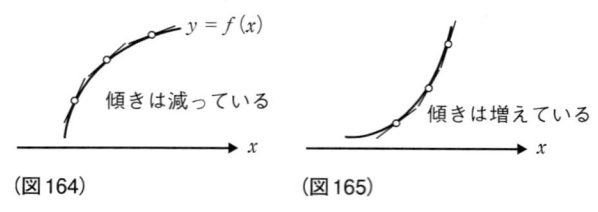

$y = f(x)$
傾きは減っている

傾きは増えている

（図164）　　　　　　　　（図165）

のように、（図164）の接線の傾きはだんだん減少していますが、（図165）の接線の傾きは増加していますね。

これをさらに詳しく調べると

第1章 微分

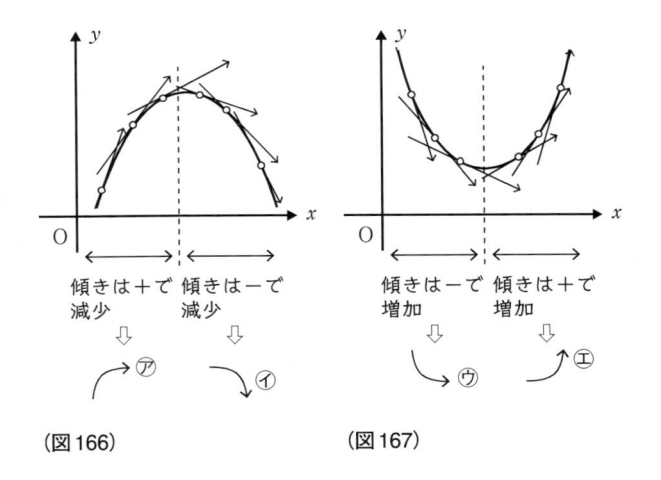

(図166)　　　　　　　　(図167)

のように、傾きが減少しているときはグラフの形が（図166）のように上に凸になりますが、増加しているときは（図167）のようにグラフの形が下に凸になっています。

つまり傾きが↗であっても、傾きが3➡2➡1のように減少しているのであれば上の㋐のような曲線を描き、傾きが↗であってもそれが1➡2➡3のように増加しているのであれば上の㋓のような曲線になります。

同様に、傾きが↘であっても、それが−3➡−2➡−1のように増加していれば㋒のような曲線になり、傾きが↘でその値が−1➡−2➡−3のように減少していけば曲線は㋑のようになっています。

221

なるほど、私たちは曲線の様子をさらに正確に知るためには、傾きつまり$f'(x)$の変化の様子を調べていけばよさそうですね。

　では$f'(x)$の変化の様子を調べるにはいったいどうすればよいのでしょうか。そのためには$y = f'(x)$のグラフを書いてみるのです。
　どういうことかというと、私たちは今
　$f(x) = x^3 - 3x$…①
　$f'(x) = 3x^2 - 3$…②
を用いて右のような増減表を作成しましたね。

x		-1		1	
$f'(x)$	$+$	0	$-$	0	$+$
$f(x)$	↗		↘		↗

(図168)

　これで↗や↘を見てグラフの大雑把な形を把握したのです。
　そこで今度は$f'(x)$の変化の様子を調べるために、$y = f'(x)$のグラフを書くことにします。そのためにはここで一度気持ちを切り替えて、
　$y = f'(x)$と名前の付いた$y = 3x^2 - 3$…②のグラフを書きたい
　➡それには②の関数を微分して増減表を作ろう
　➡増減表を見て$y = 3x^2 - 3$…②のグラフの概形を書こう
と思うのです。

第1章 微分

　ここでみなさんがよく質問に来られるのは、
「先生、$f'(x) = 3x^2 - 3 \cdots ②$ を微分するのだから
　　$f''(x) = (3x^2 - 3)''$
ということですよね。$f''(x)$ って何なのですか」

という内容なのですが、それは
　$y = f'(x)$ と名前の付いた $y = 3x^2 - 3 \cdots ②$ のグラフ
を書きたい
　➡ それには②の関数を微分して増減表を作ろう
　➡ すると $f'(x) = 3x^2 - 3 \cdots ②$ を微分するのだから
　　$f'(x)$ の微分つまり $f''(x)$ を調べるのだな
と考えればいいのです。

　実際にやってみましょう。
　　$f(x) = x^3 - 3x \cdots ①$
　　$f'(x) = 3x^2 - 3 \cdots ②$
に対して、②の式を x で微分します。
　すると
　　$f''(x) = (3x^2 - 3)'$
　　　　　$= (3x^2)' - (3)' = 3 \cdot 2x - 0$
　　　　　$= 6x \quad \cdots ③$

　曲線 $f'(x)$ の導関数 $f''(x)$ は、曲線 $f'(x)$ に引いた接線の傾きを教えてくれますから、接線の傾きが0になるのは　　→ あくまで $y = f'(x)$ のグラフを
　　　　　　　かこうと思ってください

223

$$f''(x) = 6x = 0 \quad すなわち x = 0$$

のときです。

また、$x = 0$ 以外の区間で $f''(x)$ の符号を調べると、

③より　$x > 0$ の区間では　$f''(x) = 6x > 0$

　　　　$x < 0$ の区間では　$f''(x) = 6x < 0$

であることがわかります。

これで $f'(x) = 3x^2 - 3$ …②の増減表とグラフが作れますね。

x		0	
$f''(x)$	$-$	0	$+$
$f'(x)$	↘	-3	↗

$f'(x) = 3x^2 - 3$ の
増減表

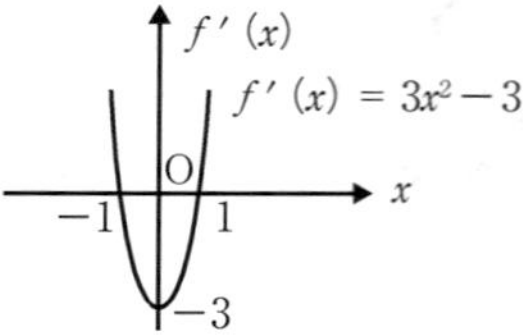

(図169)

これから何がわかるかというと、$f'(x)$ の値は

$x < -1$　の区間では $f'(x) > 0$ で、

$f'(-3) = 24 \Rightarrow f'(-2) = 9$

のように

傾きは + のまま減少…㋐

(図170) ㋐

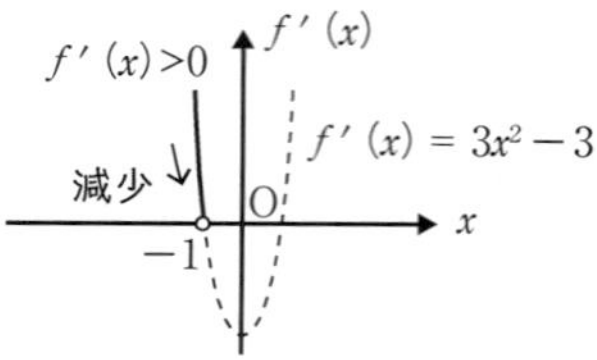

224

$-1 < x \leq 0$ の区間では $f'(x) < 0$ で、
$$f'\left(-\frac{1}{2}\right) = -\frac{9}{4} \Rightarrow f'\left(-\frac{1}{3}\right) = -\frac{8}{3}$$
のように

傾きは－のままさらに減少…④

(図171) ④

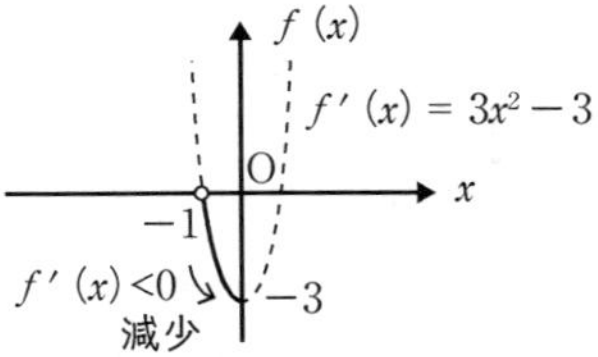

$0 \leq x < 1$ の区間では $f'(x) < 0$ で、

$$f'\left(\frac{1}{3}\right) = -\frac{8}{3} \Rightarrow f'\left(\frac{1}{2}\right) = -\frac{9}{4}$$

のように

傾きは－のまま増加…⑤

(図172) ⑤

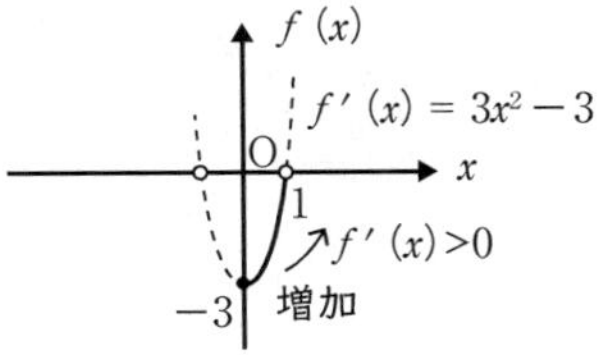

$1 < x$ の区間では $f'(x) > 0$ で、

$f'(2) = 9 \Rightarrow f'(3) \Rightarrow 24$

のように

傾きは＋のままさらに増加…㊁

(図173)㋓　　$f(x)$　$f'(x)=3x^2-3$
　　　　　　　　　　$f'(x)>0$
　　　　　　　　　　増加

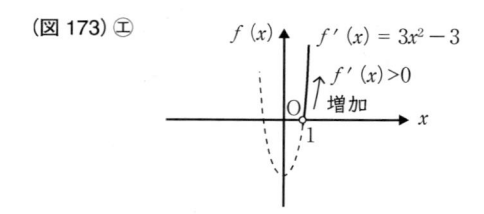

していく様子がわかるのです。

つまり、
$x<-1$　の区間では$f'(x)>0$で、
　　　傾きは+のまま減少…㋐
$-1<x\leqq0$の区間では$f'(x)<0$で、
　　　傾きは-のままさらに減少…㋑
$0\leqq x<1$の区間では$f'(x)<0$で、
　　　傾きは-のまま増加…㋒
$1<x$　の区間では$f'(x)>0$で、
　　　傾きは+のままさらに増加…㋓
この様子を先ほどの増減表に書き加えると、

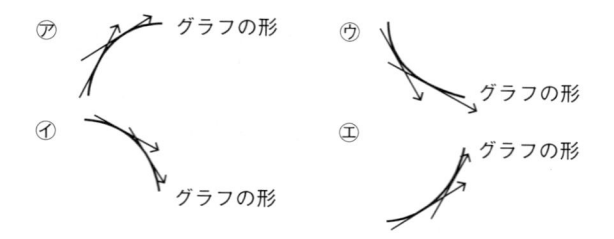

㋐　グラフの形　　　　㋒　グラフの形

㋑　グラフの形　　　　㋓　グラフの形

第1章 微分

x		-1		0		1	
$f'(x)$	$+$	0	$-$	$-$	$-$	0	$+$
$f''(x)$	$-$	$-$	$-$	0	$+$	$+$	$+$
$f(x)$	⌢	⌢	↘	0	↘	↗	↗

← (図169)の $f''(x)$ の符号を書き込む

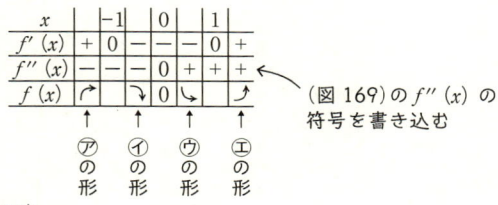

↑ ㋐の形　↑ ㋑の形　↑ ㋒の形　↑ ㋓の形

(図174)

のようになります。⌢ ↘ ↘ ↗ はグラフのより正確な形を示しています。

そしてこのときグラフは下のようになりますね。

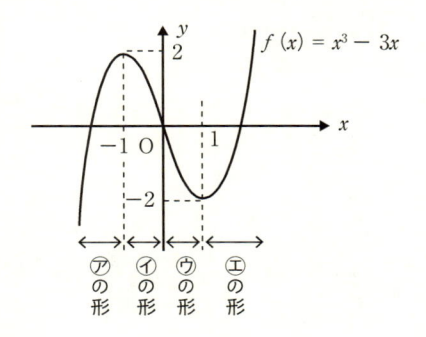

(図175) $f(x) = x^3 - 3x$

㋐の形　㋑の形　㋒の形　㋓の形

このように曲線の形を単に傾きの↗↘を調べるだけでなく、傾きの変化の様子が⌢や↘のようになることを調べることを曲線の凹凸を調べるといいます。

そして(図176)のように曲線の変化⌢↘の変わり

227

目である点 (0, 0) のことを変曲点といいます。

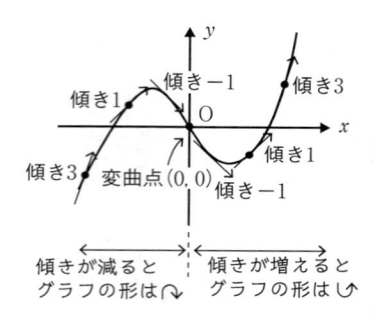

(図176)

　さてこれで私たちは未知の関数であっても、曲線のグラフを機械的に求めることができるようになりました。古代・中世の人々ができなかった動くものに対しての考察が、微分という新しい数学によって可能になったのです。

　では微分の総仕上げとして、未知の関数の変化の様子をグラフにしてみましょう。問題12では教科書レベルの問題を用いて、さらに問題13では入試問題を用いてみます。今までの知識がどれだけ生かせるか楽しみですね♥

第1章 微分

問題12

次の関数のグラフを書け。(凹凸も調べよ)
$f(x) = x^4 - 4x^3$

(解) $f(x) = x^4 - 4x^3$ …①

$f'(x) = 4x^3 - 12x^2$ …②

$\quad\quad = 4x^2(x-3)$ …②′

②を x で微分して

$f''(x) = 12x^2 - 24x$

$\quad\quad = 12x(x-2)$ …③

$f'(x)=0$ となるのは②′より

$4x^2(x-3)=0 \quad \therefore x=0, 3$

$f''(x)=0$ となるのは③より

$12x(x-2)=0 \quad \therefore x=0, 2$

これより $f'(x), f''(x)$ の符号を調べると下の表のようになる。(ここはゆっくりとていねいに調べます)

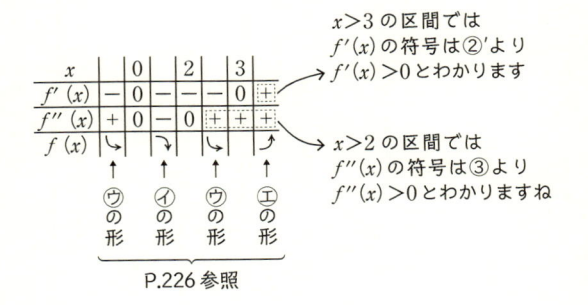

x		0		2		3	
$f'(x)$	−	0	−	−	−	0	+
$f''(x)$	+	0	−	0	+	+	+
$f(x)$	↘		↘		↘		↗

　　　　↑　　↑　　↑　　↑
　　　　ウ　　イ　　ウ　　エ
　　　　の　　の　　の　　の
　　　　形　　形　　形　　形

P.226参照

$x>3$ の区間では
$f'(x)$ の符号は②′より
$f'(x)>0$ とわかります

$x>2$ の区間では
$f''(x)$ の符号は③より
$f''(x)>0$ とわかりますね

229

$f(0)=0$, $f(2)=16-32=-16$, $f(3)=81-108=-27$

よって前ページの表の凹凸の様子からグラフは下のようになる。

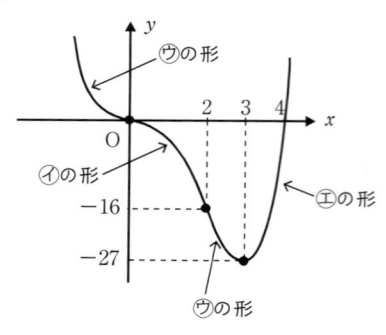

<figure>
グラフ：ウの形、イの形、エの形、ウの形、点(2, -16)、点(3, -27)、x軸切片4
</figure>

問題13は数学Ⅱの標準レベルの問題なので、ここでしっかりと増減表、凹凸表の作り方を学んでください。表の作成はグラフの状態をつかむのに欠かせませんから、符号のミスをしないことが大切です。

第1章　微分

問題13

次の関数のグラフをかけ。(凹凸も調べよ)
$f(x) = \dfrac{x}{x^2+1}$

(高知医大)

(解) $f(x) = \dfrac{x}{x^2+1}$ …①

$$f'(x) = \dfrac{(x)'(x^2+1) - x(x^2+1)'}{(x^2+1)^2} \Leftarrow \left\{\dfrac{f(x)}{g(x)}\right\}' \cdots ⑤$$
の公式を用いて

$$= \dfrac{x^2+1 - x(2x)}{(x^2+1)^2}$$

$$= \dfrac{1-x^2}{(x^2+1)^2} \cdots ②$$

(問題文に「凹凸も調べよ」とありますから、$f''(x)$についても調べてください。)

$$f''(x) = \dfrac{(1-x^2)'(x^2+1)^2 - (1-x^2)\{(x^2+1)^2\}'}{(x^2+1)^4}$$

$$= \dfrac{-2x(x^2+1)^2 - (1-x^2)\boxed{\{(x^2+1)^2\}'}}{(x^2+1)^4} \cdots ③$$

ここで ▭ の部分について $\{(x^2+1)^2\}'$ を合成関数の微分で計算すると

$$y = (x^2+1)^2 \Leftrightarrow \begin{cases} y = f(u) = u^2 \\ u = g(x) = x^2+1 \end{cases} \quad \text{より}$$

231

$$\frac{dy}{dx} = \frac{dy}{du} \cdot \frac{du}{dx} = 2u \cdot 2x$$

$$= 2(x^2+1) \cdot 2x = 4x(x^2+1)$$

これを③に代入して
$$f''(x) = \frac{-2x(x^2+1)^2 - (1-x^2) \cdot 4x(x^2+1)}{(x^2+1)^4}$$

$$= \frac{-2x(x^2+1) - 4x(1-x^2)}{(x^2+1)^3} = \frac{2x(x^2-3)}{(x^2+1)^3} \quad \cdots ④$$

$f'(x)=0$ となるのは②より

　(分子) $= 1-x^2 = 0 \quad \therefore x = \pm 1$

$f''(x)=0$ となるのは④より

　(分子) $= 2x(x^2-3) = 0 \quad \therefore x = 0, \pm\sqrt{3}$

$f'(x)$, $f''(x)$ の符号を調べて増減、凹凸の表を作ると次のようになります。

x		$-\sqrt{3}$		-1		0		1		$\sqrt{3}$	
$f'(x)$	$-$	$-$	$-$	0	$+$	$+$	$+$	0	$-$	$-$	$-$
$f''(x)$	$-$	0	$+$	$+$	$+$	0	$-$	$-$	$-$	0	$+$
$f(x)$	↘		↘		↗		↗		↘		↘

$f'(x)$ は $x>1$ のとき②より $f'(x)<0$ です

$f''(x)$ は $0<x<\sqrt{3}$ のとき④より $f''(x)<0$

$f(-\sqrt{3}) = -\dfrac{\sqrt{3}}{4}$, $f(-1) = -\dfrac{1}{2}$, $f(0) = 0$

$f(1) = \dfrac{1}{2}$, $f(\sqrt{3}) = \dfrac{\sqrt{3}}{4}$

また $\displaystyle\lim_{x \to \infty} y = \lim_{x \to \infty} \frac{x}{x^2+1} = \lim_{x \to \infty} \frac{\dfrac{1}{x}}{1+\dfrac{1}{x^2}} = 0$

$\displaystyle\lim_{x \to -\infty} y = \lim_{x \to -\infty} \frac{x}{x^2+1} = \lim_{x \to -\infty} \frac{\dfrac{1}{x}}{1+\dfrac{1}{x^2}} = 0$

ですからグラフは下のようになります。

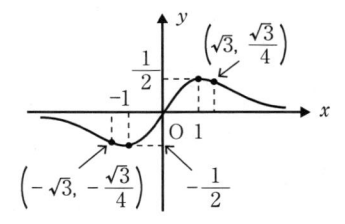

第 2 章

積分

1. 微分と積分の関係

(1)不定積分とはなにか

いよいよ積分についてのお話ですが、その前にちょっと微分に絡んだ簡単な問題を出してみますから答えてみてください。

$$(\quad)' = 2x$$

(　　)の中にはどんなxの式が入りますか？
$(x^2)' = 2x$ですから(　　)の中にはx^2が入りますね。

では同じようにして次の4つの(　)の中も考えてみてください。

① $(\quad)' = x^3$
② $(\quad)' = \cos\theta$
③ $(\quad)' = e^x$
④ $(\quad)' = \dfrac{1}{x}$ $(x>0)$

どうですか。
①は $(x^4)' = 4x^3$ ですから

$$\left(\frac{1}{4}x^4\right)' = \frac{1}{4}(x^4)' = \frac{1}{4} \cdot 4x^3 = x^3$$

つまり（　）の中は $\frac{1}{4}x^4$

②は $(\sin \theta)' = \cos \theta$　ですから（　）の中は $\sin \theta$

③は $(e^x)' = e^x$　ですから（　）の中は e^x

④は $(\log x)' = \frac{1}{x}$ですから（　）の中は $\log x$

になりますね。

ところで（　　）′ = $2x$ をみたす（　）内の式を探すことを

（　）内を微分すると $2x$ になる

$$\int 2x\, dx = (\quad)$$

そんな（　）内は何だろう

のように表現します。つまり

微分すると $2x$

$$\int 2x\, dx = x^2$$

ですね。∫ の記号はインテグラルと読みます。

そして（　　）′ = $2x$ をみたす（　）内の式を探すこと、すなわち $\int 2x\, dx$ の計算をすることを $2x$ を積分するといいます。でも少し待ってください。

微分すると $2x$ になる（　）内は何だろう

$$(\quad)' = 2x$$

をみたす式は x^2 だけでしょうか。

$x^2+1,\ x^2+5,\ x^2-1,\ \cdots\cdots$

などは微分すると
$$(x^2+1)' = (x^2)' + (1)' = 2x + 0 = 2x,$$
$$(x^2+5)' = 2x, \quad (x^2-1)' = 2x, \quad \cdots\cdots$$
ですから $x^2 +$ (定数) の形のものはすべて微分すると $2x$ で

$(\quad)' = 2x$ をみたす式は $x^2 + C$ (C は定数)

と書くほうが正確ですね。この C のことを積分したときに生じる定数なので**積分定数**といいます。
つまり、
$$\int 2x \, dx = x^2 + C$$
となるわけです。C は定数であれば何でもいいので、この積分を**不定積分**といいます。

さて、ここでみなさんは微分と積分とは、

展開⇔因数分解　　$(x+1)^2 = x^2 + 2x + 1$

（展開／因数分解）

のように、

微分⇔積分　　$\int 2x \, dx = x^2 + C$

（積分すると x^2／微分すると $2x$）

の関係があることを知りましたが、$2x$ を積分するということ、つまり $\int 2x \, dx$ の計算にいったいどういう意味があるのかと気になる人が多いですよね。

それを考えるために(図177)の三角形の面積を考えてみましょう。

直線 $y = \dfrac{1}{2}x$ 上に点Pをとり、Pからx軸に下ろした垂線の足をHとし、△OPHを作ります。

このとき線分PHを左右に動かすと三角形の面積は連続的に変化していきますよね。

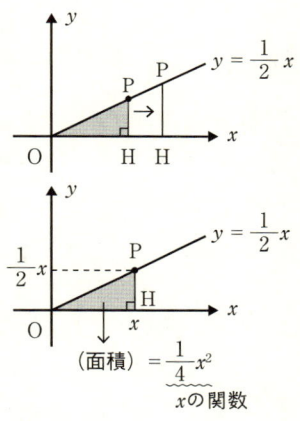

(図177)

そこでこの三角形の面積について、点HをH$(x, 0)$とすると、
P$\left(x, \dfrac{1}{2}x\right)$ ですから

$(\triangle \text{OPH の面積}) = x \times \dfrac{1}{2}x \times \dfrac{1}{2} = \dfrac{1}{4}x^2$

となり、面積をxの関数で表すことができました。

そこでこの面積を表す関数を
$$f(x) = \dfrac{1}{4}x^2$$
とします。

ここまではどうということはないのですが、この関数をxでちょっと微分してみましょうか。すると

$$f'(x) = (\frac{1}{4}x^2)' = \frac{1}{4}(x^2)' = \frac{1}{4} \times 2x$$
$$= \frac{1}{2}x$$

となって、直線 $y = \frac{1}{2}x$ と同じ式が出てきました。

実はこれは偶然ではありません。➡ここからが積分の本質です♥

(2)面積と微分・積分の関わり

今、右の(図178)のように連続している関数 $y = f(x)$ を考えます。そして、曲線上の点 P と P から x 軸に下ろした垂線の足 H をとり、線分 PH を図の OA の位置から移動させていきます。

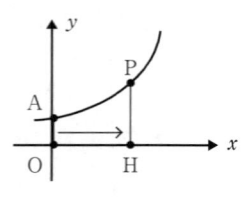

(図178)

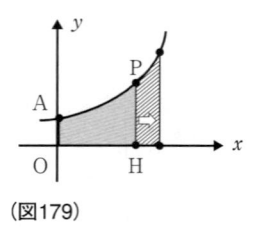

すると曲線 $y = f(x)$, x 軸, y 軸, 線分 PH で囲まれた面積は PH が移動するにつれて連続的に変化していきますね。

(図179)

そこで、囲まれた面積の変化の様子を考えてみます。

第2章　積分

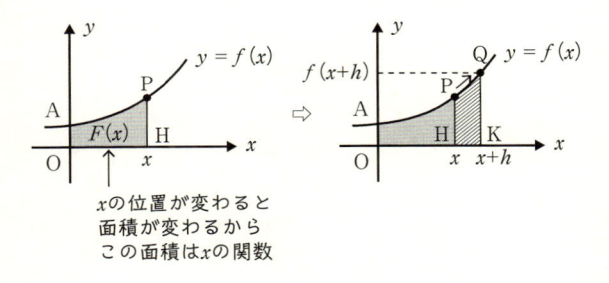

(図180)　　　　　　　　(図181)

*x*の位置が変わると
面積が変わるから
この面積は*x*の関数

　上の（図180）の影を付けた部分の面積を $F(x)$ とします。

　この面積 $F(x)$ は x の値が変わると当然変わっていきますね。

　次に（図181）のように、曲線上の点Pが点Qまで移動したとしますと、点HもQからx軸に下ろした垂線の足Kまで移動しますから、HK = h として、K $(x+h, 0)$、Q $(x+h, f(x+h))$ と表すことができます。

　（図182）の影を付けた面積を $F(x)$ としましたから、（図183）の影と斜線部の合計の面積は $F(x+h)$ と表現できますね。

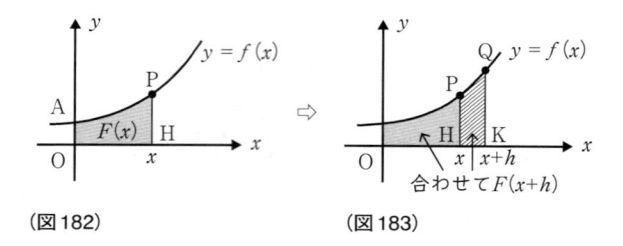

(図182)　　　　　　　　(図183)
合わせて $F(x+h)$

すると (図181) の斜線部分の面積は

　　(斜線部分の面積) $= F(x+h) - F(x)$ …ⓐ

になります。

さて重要なのはここからです。

下の図を見ながら丁寧に読んでくださいね。

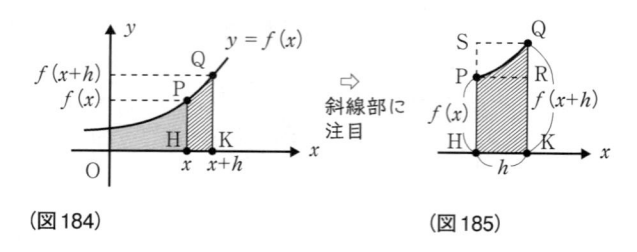

(図184)　　　　　　　　(図185)
斜線部に注目

まず斜線部の面積は

　　(斜線部分の面積) $= F(x+h) - F(x)$ …ⓐ

です。

次に長方形 PHKR の面積は図から

　　(長方形 PHKR) $= h \times \text{PH} = h \times f(x)$ …ⓑ

また長方形 SHKQ の面積は図から
$$（長方形 SHKQ）= h \times QK = h \times f(x+h)$$
…ⓒ

になっています。

すると ⓐ, ⓑ, ⓒ の 3 つの面積を比べると（図 185）から

ⓑ < ⓐ < ⓒ すなわち

$$h \times f(x) < F(x+h) - F(x) < h \times f(x+h) \quad \cdots ①$$

という関係が得られます。

そこで、

$$h \times f(x) < F(x+h) - F(x) < h \times f(x+h) \quad \cdots ①$$

を変形していきますよ。

①の各辺を h で割ると

$$f(x) < \frac{F(x+h) - F(x)}{h} < f(x+h) \quad \cdots ②$$

ですが、ここで②の右辺について $h \to 0$ にすると

$$\lim_{h \to 0} f(x+h) = f(x)$$

ですから、$h \to 0$ にすると $f(x+h)$ の値は限りなく②の左辺の $f(x)$ に近づいていきます。

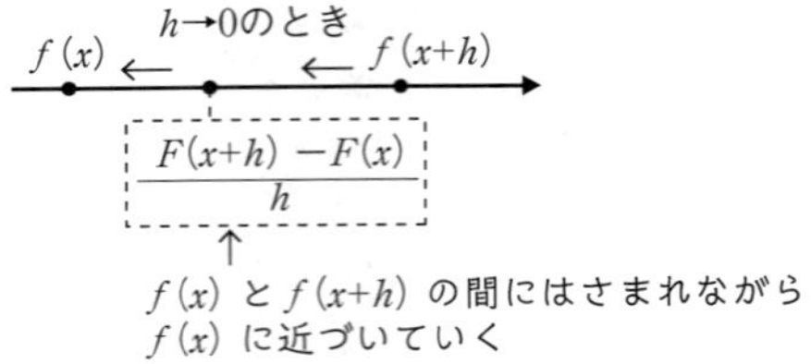

```
       h→0のとき
f(x) ←——•←——f(x+h)
      ┌─────────────┐
      │ F(x+h) − F(x)│
      │ ───────────  │
      │      h       │
      └─────────────┘
             ↑
   f(x) と f(x+h) の間にはさまれながら
   f(x) に近づいていく
```

(図186)

　すると②の中央にある式 $\dfrac{F(x+h)-F(x)}{h}$ もはさみうちの原理により、$f(x)$ に近づくことがわかります。
　↳ p.175 ～ p.176 でお話ししましたね

　つまり、

$$\lim_{h \to 0} \frac{F(x+h) - F(x)}{h} = f(x) \quad \cdots ③$$

であることがわかりました。

　さあここです。今までしっかりと読んでこられたみなさんなら

$$\boxed{\lim_{h \to 0} \frac{F(x+h) - F(x)}{h}} = f(x) \quad \cdots ③$$

が何度も繰り返し現れた形になっていると気づかれたはず。

　そうですね。③の左辺は

第2章 積分

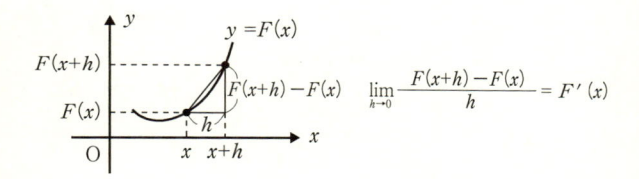

(図187)

上の (図187) で示されているように、関数 $F(x)$ の導関数 $F'(x)$

$$F'(x) = \lim_{h \to 0} \frac{F(x+h) - F(x)}{h}$$

を求める式になっています。するとこの式に③を代入すると

$F'(x) = f(x)$ …③′

$$F'(x) = f(x)$$
　　↑　　　　↑
面積$F(x)$を　　面積を作っている
微分すると　　関数$f(x)$が現れる

という衝撃的な事実を教えてくれているのです。

そこで思い出してください。
積分と微分との関係は

微分⇔積分　$\int 2x\,dx = x^2 + C$

何を微分すると$2x$になるか

x^2を予測するのが積分

でしたね。

$$(\quad)' = f(x)$$

のように（何を）微分したら$f(x)$になるかというと

$$F'(x) = f(x) \quad \cdots ③'$$

の関係から（　）内に入るのはもちろん$F(x)$です。

これを積分の記号で表せば

何を微分すると$f(x)$になるか

$$\int f(x)\,dx = F(x) + C \cdots ③''$$

$F(x)$を予測するのが積分

となりますね。

こうして私たちは

$F'(x) = f(x) \quad \cdots ③'$　　➡**面積を微分すると曲線の関数$f(x)$が出る**（図188）参照

$\int f(x)\,dx = F(x) + C \cdots ③''$　➡**曲線を積分すると囲まれた面積が出る**（図189）参照

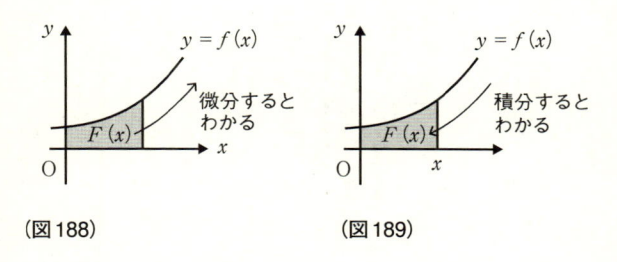

(図188)　　　　　(図189)

という美しい関係を知ることができました。

2. 定積分の意味

私たちは今

$F'(x) = f(x)$ …ⓐ   ➡ 面積を微分すると曲線の関数 $f(x)$ が出る

$\int f(x)\,dx = F(x) + C$ …ⓑ   ➡ 曲線を積分すると囲まれた面積が出る

という曲線と面積、微分と積分の関係をつかみました。

そこでいよいよ具体的にある関数で与えられた曲線で作られる面積を求めることを考えます。

(1) 定積分の計算規則

何を微分すると $2x$ になるか

$$\int 2x\,dx = x^2 + C\,(C\text{ は定数})$$

x^2 を予測するのが積分

という関係はもう大丈夫ですね。このとき式の意味は

$2x$ を積分すると $x^2 + C\,(C\text{ は定数})$ になる

というのでした。

今、$f(x)$ を積分すると $F(x) + C\,(C\text{ は定数})$ になるとすると、

第 2 章 積分

$$\int f(x)\,dx = F(x) + C\,(C\text{ は定数}) \quad \cdots ⓒ$$

と書けばよいですね。

　今度は突然ですが、∫の右下に小さく a と書き、右上に b と書いた

$$\int_a^b f(x)\,dx$$

という積分の式を書いて、この計算を

$$\int_a^b f(x)\,dx = [F(x)]_a^b$$
$$= F(b) - F(a) \quad \cdots ⓓ$$

} $[F(x)]_a^b$ はⓓの計算をせよという約束だと思う！

のように計算すると決めます。この値を $f(x)$ の a から b までの**定積分**といいます。

　➡ここは当然、なんでこんな計算になるの……という疑問をもつわけですが、今はこれを $\int_a^b f(x)\,dx$ の計算規則だと思っていてください。

　具体的に計算してみると
（計算例 1）

　　　　　　　何を微分すると x^2 になるか

$$\int_0^1 x^2\,dx = \left[\frac{1}{3}x^3\right]_0^1$$

　　　　　$\frac{1}{3}x^3$ を予測するのが積分

249

$$= \frac{1}{3} \cdot 1^3 - \frac{1}{3} \cdot 0^3$$

$$= \frac{1}{3} - \frac{0}{3} = \frac{1}{3}$$

(計算例 2)

$$\int_0^1 \sqrt{x}\, dx = \int_0^1 x^{\frac{1}{2}}\, dx \quad \text{何を微分すると}\sqrt{x}=x^{\frac{1}{2}}\text{になるか}$$
$$\Leftarrow \left(\frac{2}{3}x^{\frac{3}{2}}\right)' = \frac{2}{3} \cdot \frac{3}{2}x^{\frac{1}{2}} = x^{\frac{1}{2}}$$

$$= \left[\frac{2}{3}x^{\frac{3}{2}}\right]_0^1 \quad \Leftarrow \frac{2}{3}x^{\frac{3}{2}}\text{を予測するのが積分}$$

$$= \frac{2}{3} - 0 = \frac{2}{3}$$

(計算例 3)

何を微分すると$\sin x$になるか

$$\int_0^{\frac{\pi}{2}} \sin x\, dx = \Big[-\cos x\Big]_0^{\frac{\pi}{2}} \Leftarrow (-\cos x)' = -(\cos x)'$$
$$= -(-\sin x) = \sin x$$

$-\cos x$を予測するのが積分

$$= \left(-\cos\frac{\pi}{2}\right) - \left(-\cos 0\right) = 0 - (-1)$$
$$= 1$$

のようになります。

ここでちょっと疑問を持った方はいませんか。

「先生、
$$\int f(x)\,dx = F(x) + C \,(C は定数) \quad \cdots ⓒ$$
ですよね。でも

$$\int_a^b f(x)\,dx = [F(x)]_a^b$$
$$= F(b) - F(a) \quad \cdots ⓓ$$

のように [ ] の中は積分定数 C は入っていませんけど、C はどこにいったのですか」

そうですよね。確かにこれはとても良い質問です。

(計算例1) でもう一度考えてみましょう。
$\int x^2 dx = \dfrac{1}{3}x^3 + C \,(C は定数)$
でしたから [ ] の中を $\dfrac{1}{3}x^3 + C$ にしてみますと

$$\int_0^1 x^2 dx = \left[\dfrac{1}{3}x^3 + C\right]_0^1$$
$$= \left\{\dfrac{1}{3} \cdot 1^3 + C\right\} - \left\{\dfrac{1}{3} \cdot 0^3 + C\right\}$$
$$= \left(\dfrac{1}{3} + C\right) - (0 + C)$$
$$= \dfrac{1}{3} - 0$$
$$= \dfrac{1}{3}$$

ですから、実は C の値が何であれ、定積分をすると C

の値は消えてしまうのですね。

そこで

$$\int_a^b f(x)\,dx = [F(x)]_a^b$$
$$= F(b) - F(a) \quad \cdots ⓓ$$

のように [ ] の中に C を書かない形で書いてあるのです。

(2)面積と定積分の関わり

定積分の計算の仕方を決めておいたところで、実際に面積を求めてみましょう。

右の (図190) において、影を付けた面積を $F(x)$ とすると、点Pが点Aから曲線上を動くことで線分PHが移動し、x軸、y軸、曲線 $y = f(x)$、線分PH

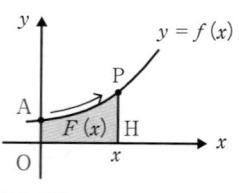

(図190)

が囲む面積が連続的に変化しますね。このとき斜線部分の面積 $F(x)$ は

$$F'(x) = f(x) \quad \cdots ⓐ$$
$$\int f(x)\,dx = F(x) + C \quad \cdots ⓑ$$

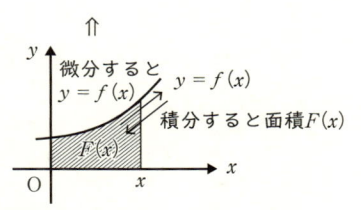

となる関係がありました。

では（図191）のように、
$y = f(x)$, x 軸,
$x = a$, $x = b$
で囲まれた図形の面積は
どのように考えたらよいで
しょう。

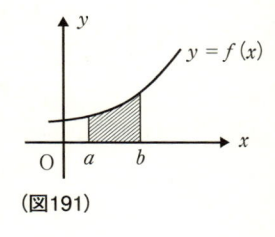

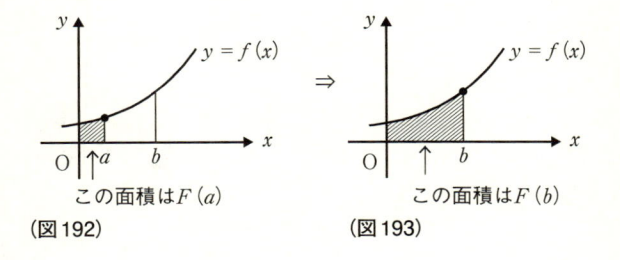

（図191）

（図192）この面積は $F(a)$ ⇒ （図193）この面積は $F(b)$

ですから（図191）の斜線部分の面積は
　（斜線部分の面積）$= F(b) - F(a)$　…（＊）
だとわかりますが、

253

$$\int_a^b f(x)\,dx = [F(x)]_a^b$$
$$= F(b) - F(a) \quad \cdots ⓓ$$

でしたから、(∗) 式とⓓ式をつないで、
(斜線部分の面積) $= F(b) - F(a)$
$$= \int_a^b f(x)\,dx \quad \cdots ⓔ$$
の計算をすることになります。

これで私たちは (図 191) の斜線部分の面積をⓔの定積分計算で求めることができますね。

ではさらに 2 つの曲線 (直線でも構いません) と直線 $x = a$, $x = b$ で囲まれた斜線部分の面積はどうしたら求められるでしょう。

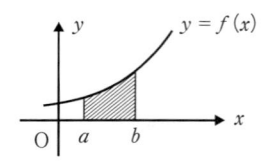

(図 191)
$\begin{cases} y = f(x),\ x\text{軸}, \\ \text{直線}\ x = a,\ x = b \end{cases}$
で囲まれた面積

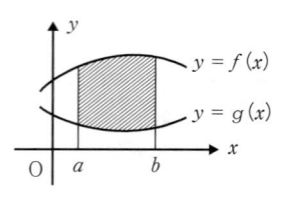

(図 194)
$\begin{cases} y = f(x),\ y = g(x), \\ \text{直線}\ x = a,\ x = b \end{cases}$
で囲まれた面積

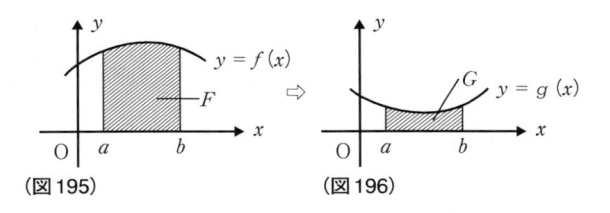

第 2 章　積分

(図195)　　　　　　(図196)

(図 195) の面積 F は　$F = \int_a^b f(x)\,dx$

(図 196) の面積 G は　$G = \int_a^b g(x)\,dx$

ですから、(図194) の斜線部分の面積は

$$(斜線部分の面積) = F - G$$
$$= \int_a^b f(x)\,dx - \int_a^b g(x)\,dx \cdots ⓕ$$

で求めることができますね。

(3) もう一つの面積と積分の関係

私たちはこれで定積分を用いて

$$(斜線部分の面積)$$
$$= F(b) - F(a)$$
$$= \int_a^b f(x)\,dx \quad \cdots ⓔ$$

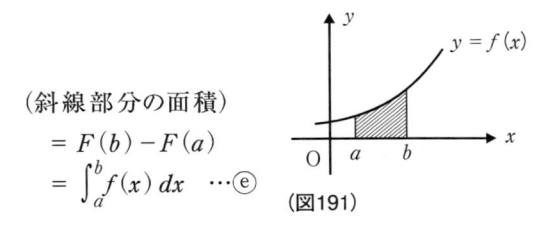

(図191)

のように面積を求めることができるようになりました

255

が、序章で図形の面積について、求める面積を縦割りにして微小な長方形をたくさん作り、その面積を足していく話を書いたことを覚えておられるでしょうか(p.31)。

これをアルキメデスのとりつくし法といいましたが、この考えで放物線 $y = x^2$ と x 軸および直線 $x = 1$ で囲まれた部分の面積を求めてみましょう。

まず今まで私たちが学んだ定積分によって(図197)の斜線部分の面積は

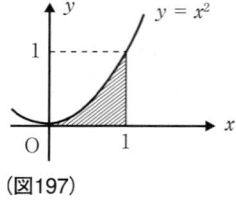

(図197)

$$（斜線部分の面積）= \int_0^1 x^2 dx = \left[\frac{1}{3}x^3\right]_0^1$$
$$= \frac{1}{3} \cdot 1^3 - \frac{1}{3} \cdot 0^3 = \frac{1}{3} \cdots ⑦$$

であることがわかります。

アルキメデスのとりつくし法というのは次のようなものです。

今 $y = x^2$ と x 軸および直線 $x = 1$ で囲まれた斜線部分の面積を

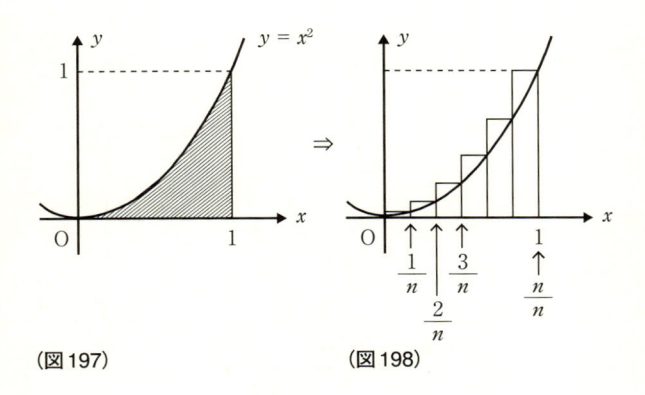

(図197)　　　　　　　　(図198)

の（図198）のように、$0 \leq x \leq 1$ の区間の x 座標を n 等分し、分割した小区間を1辺として n 個の長方形を作ります。

これらの各分点の x 座標は、順に、

$$\frac{1}{n}, \frac{2}{n}, \frac{3}{n}, \cdots\cdots, \frac{n-1}{n}, \frac{n}{n}=1$$

になりますね。

すると原点Oから k 番目の分点 $\frac{k}{n}$ における長方形の高さが $\left(\frac{k}{n}\right)^2$ だから、各分点 $\frac{1}{n}, \frac{2}{n}, \frac{3}{n}, \cdots\cdots, \frac{n-1}{n}, \frac{n}{n}$ における長方形の高さは順に

$$\left(\frac{1}{n}\right)^2, \ \left(\frac{2}{n}\right)^2, \ \left(\frac{3}{n}\right)^2, \ \cdots\cdots, \ \left(\frac{n-1}{n}\right)^2, \ \left(\frac{n}{n}\right)^2$$

になっています。

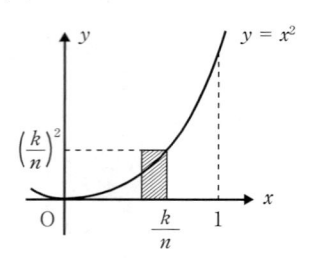

(図199)

このとき、(図 200) の斜線部分の長方形の面積の総和 S_n は

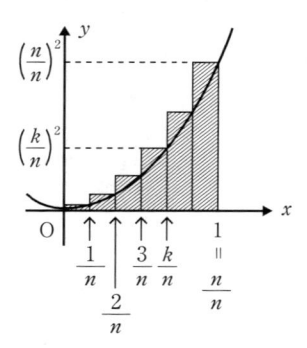

(図200)

第2章 積分

$$S_n = \frac{1}{n} \times \left(\frac{1}{n}\right)^2 + \frac{1}{n} \times \left(\frac{2}{n}\right)^2 + \frac{1}{n} \times \left(\frac{3}{n}\right)^2$$
$$+ \cdots\cdots + \frac{1}{n} \times \left(\frac{n-1}{n}\right)^2 + \frac{1}{n} \times \left(\frac{n}{n}\right)^2$$
$$= \frac{1}{n} \left\{ \left(\frac{1}{n}\right)^2 + \left(\frac{2}{n}\right)^2 + \left(\frac{3}{n}\right)^2 + \cdots\cdots + \left(\frac{n-1}{n}\right)^2 + \left(\frac{n}{n}\right)^2 \right\}$$
$$= \frac{1}{n} \sum_{k=1}^{n} \left(\frac{k}{n}\right)^2 \qquad \cdots ①$$

$\sum_{k=1}^{n} \left(\frac{k}{n}\right)^2$ というのはkのところに$1 \sim n$まで代入して

$$\left(\frac{1}{n}\right)^2, \left(\frac{2}{n}\right)^2, \left(\frac{3}{n}\right)^2, \cdots\cdots, \left(\frac{n}{n}\right)^2$$

これを「＋の記号でつなげ」という意味で

$$\sum_{k=1}^{n} \left(\frac{k}{n}\right)^2 = \left(\frac{1}{n}\right)^2 + \left(\frac{2}{n}\right)^2 + \left(\frac{3}{n}\right)^2 + \cdots\cdots + \left(\frac{n}{n}\right)^2$$

を表しています

$$= \frac{1}{n} \sum_{k=1}^{n} \frac{1}{n^2} k^2 = \frac{1}{n} \left\{ \frac{1}{n^2} (1^2 + 2^2 + \cdots\cdots + n^2) \right\}$$

$k=1, 2, \cdots\cdots, n$を代入して＋でつなぎます

$$= \frac{1}{n^3} (1^2 + 2^2 + 3^2 + \cdots\cdots + n^2)$$
$$= \frac{1}{n^3} \sum_{k=1}^{n} k^2$$
$$= \frac{1}{n^3} \cdot \frac{1}{6} n(n+1)(2n+1)$$
$$= \frac{1}{6} \cdot \frac{1}{n^2} (n+1)(2n+1) \quad \cdots ②$$

数学Ⅱで
$\sum_{k=1}^{n} k^2 = 1^2 + 2^2 + \cdots\cdots + n^2$
$= \frac{1}{6} n(n+1)(2n+1)$
を学ぶので、それを用いました

と計算することができます。

さてここでnを限りなく大きくする（$n \to \infty$）と、

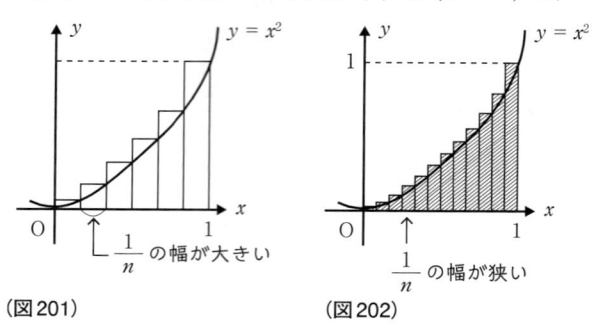

(図201) $\dfrac{1}{n}$の幅が大きい

(図202) $\dfrac{1}{n}$の幅が狭い

面積S_nは限りなく下の（図197）の斜線部分の面積に近づいていき、②より

$$\lim_{n \to \infty} S_n = \lim_{n \to \infty} \frac{1}{6} \cdot \frac{1}{n^2}(n+1)(2n+1)$$

$$= \lim_{n \to \infty} \frac{1}{6}\left(1 + \frac{1}{n}\right)\left(2 + \frac{1}{n}\right)$$

$$= \frac{1}{6}(1+0)(2+0) = \frac{1}{3} \cdots ④$$

すなわち（図197）の斜線部分の面積について

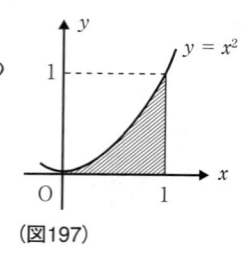

(図197)

$$(斜線部分の面積) = \int_0^1 x^2 dx = \left[\frac{1}{3}x^3\right]_0^1$$
$$= \frac{1}{3} - \frac{0}{3} = \frac{1}{3} \cdots ㋐$$

$$(斜線部分の面積) = \lim_{n \to \infty} S_n$$
$$= \lim \frac{1}{6} \cdot \frac{1}{n^2}(n+1)(2n+1)$$
$$= \frac{1}{6} \cdot 1 \cdot 2 = \frac{1}{3} \cdots ㋑$$

のように同じ面積の値を得ることができました。

　アルキメデスのとりつくし法の考え方の根本は、考える区間を細かく区分分けし、それらを加えて和の極限として考えるということですね。そして序章でお話ししたように、この考え方が

　　積分 ➡ 細かく分けて和を積もらせる（集める）
の起源になっているのです。

　そこでこの考え方を拡張して、(2) 面積と定積分の関わりを別の定義で説明することができます。難しくはありませんが、Σ記号を用いているのでΣの学習が済んでいない人には難しく感じられるかもしれません。難しい人は軽く読み飛ばしてΣ記号の扱いに慣れてから、もう一度読んでごらんになるとよいですね。

(4)もう一つの定積分の定義

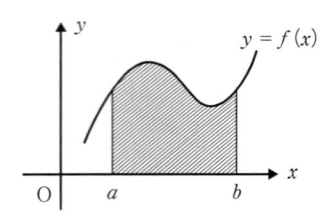

(図203)

(図203)のように、$y = f(x)$を区間$a \leq x \leq b$において$f(x) \geq 0$かつ連続な関数とします。

そして(図203)の影の部分の面積を次のように考えます。

まず区間$a \leq x \leq b$をn等分します。
するとn等分された1つの長さは$\dfrac{b-a}{n}$ですから

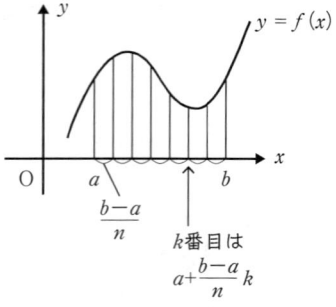

k番目は $a + \dfrac{b-a}{n}k$

(図204) x軸上のn等分点と座標

a から数えて k 番目の点の座標は

$$a + \frac{b-a}{n}k \cdots ①$$

になっていますね。

次に $y = f(x)$ のグラフについて、分割した小区間を1辺とする（図205）の長方形の面積は、a から k 番目の点の x 座標を $a + \frac{b-a}{n}k = x_k$ とおくと、

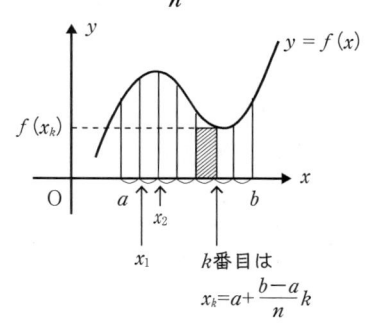

（図205）

（図205）の斜線部の面積 $= \underbrace{\frac{b-a}{n}}_{横} \times \underbrace{f(x_k)}_{たて}$

が成り立ちますね。

そこで（図206）の斜線部分の長方形全体の面積を S_n とすると

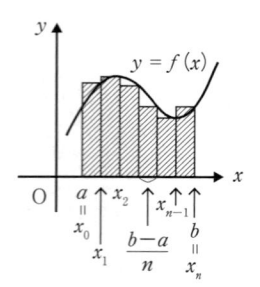

(図206)

$$S_n = \frac{b-a}{n}f(x_1) + \frac{b-a}{n}f(x_2) + \frac{b-a}{n}f(x_3) + \cdots\cdots$$
$$+ \frac{b-a}{n}f(x_{n-1}) + \frac{b-a}{n}f(x_n)$$
$$= \frac{b-a}{n}\{f(x_1)+f(x_2)+f(x_3)+\cdots\cdots+f(x_{n-1})+f(x_n)\}$$

→ ここを∑の記号で書くと

$\sum_{k=1}^{n} f(x_k)$ になります

kのところに1〜nを代入して+でつなぐ

$$S_n = \frac{b-a}{n} \sum_{k=1}^{n} f(x_k) \quad \cdots ②$$

と表せますね。

さてここで②式について n を限りなく大きくしますと、$\frac{b-a}{n}$ の値は限りなく0に近づいていきます。そしてこのとき

第 2 章　積分

（図207）から（図203）のように、**斜線部の長方形の面積は限りなく求めたい面積に近づく**ことがわかります。

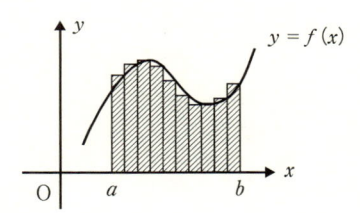

(図207)

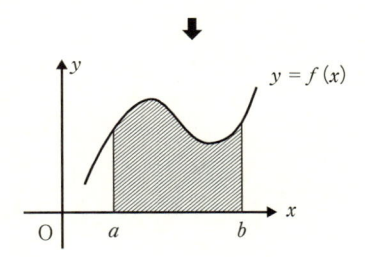

↓

(図203)

すなわち

（図 203）の面積 $= \lim_{n \to \infty} S_n$

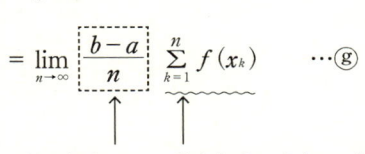

$$= \lim_{n \to \infty} \underbrace{\boxed{\frac{b-a}{n}}}_{\substack{\text{微小部分の}\\\text{長方形の横幅}}} \underbrace{\sum_{k=1}^{n} f(x_k)}_{\text{微小部分の各点の}y\text{座標の和}} \quad \cdots \text{ⓖ}$$

265

この⑧式が影の面積の部分であることから右辺の極限の式がとても重要であるため、これをaからbまでの$f(x)$の定積分として、$\int_a^b f(x)\,dx$と表すことにし、

$$\lim_{n\to\infty}\frac{b-a}{n}\sum_{k=1}^{n}f(x_k)=\int_a^b f(x)\,dx \quad \cdots ⑧$$

と定義することにしたのです。

実はなじみにくいこの式のほうが、積分の雰囲気をより表しています。というのは、

$$\int_a^b f(x)\,dx = \lim_{n\to\infty}\frac{b-a}{n}\sum_{k=1}^{n}f(x_k) \quad \cdots ⑧$$

$\boxed{\dfrac{b-a}{n}}\{f(x_1)+f(x_2)+\cdots\cdots+f(x_n)\}$ を表しています

$$= \lim_{n\to\infty}\sum_{k=1}^{n}\frac{b-a}{n}f(x_k)$$

$\dfrac{b-a}{n}f(x_1)+\dfrac{b-a}{n}f(x_2)+\cdots\cdots+\dfrac{b-a}{n}f(x_n)$
ですから上の式と同じ内容です!

$$= \lim_{n\to\infty}\sum_{k=1}^{n}f(x_k)\cdot\boxed{\frac{b-a}{n}}$$

    ↕対応 ↕対応
    $\int f(x_k)$ dx
    ⇓   ⇓
   y座標の和を 微小部分$\dfrac{b-a}{n}$の
   作るイメージ イメージ

第 2 章　積分

のように対応しているからです。

　さあ、これで私たちは面積と積分について多くのことを学びました。これを整理して原則9にしておきます。

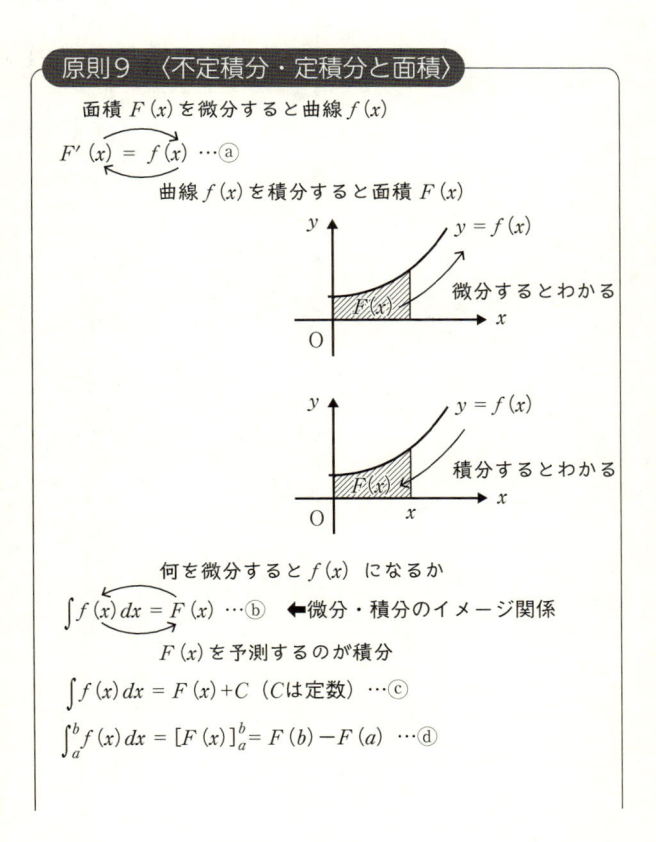

原則9　〈不定積分・定積分と面積〉

面積 $F(x)$ を微分すると曲線 $f(x)$

$F'(x) = f(x)$ …ⓐ

曲線 $f(x)$ を積分すると面積 $F(x)$

微分するとわかる

積分するとわかる

何を微分すると $f(x)$ になるか

$\int f(x)\,dx = F(x)$ …ⓑ　←微分・積分のイメージ関係

$F(x)$ を予測するのが積分

$\int f(x)\,dx = F(x) + C$　（C は定数）…ⓒ

$\int_a^b f(x)\,dx = [F(x)]_a^b = F(b) - F(a)$ …ⓓ

267

(斜線部分の面積)

$$= F(b) - F(a) = \int_a^b f(x)\,dx \quad \cdots ⓔ$$

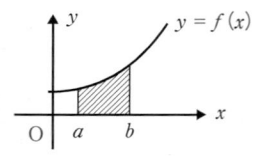

(斜線部分の面積)

$$= F - G = \int_a^b f(x)\,dx - \int_a^b g(x)\,dx \quad \cdots ⓕ$$

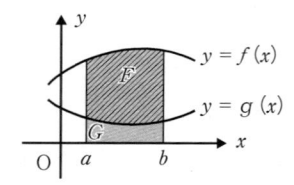

(斜線部分の面積) $= \int_a^b f(x)\,dx = \lim_{n\to\infty} \frac{b-a}{n} \sum_{k=1}^{n} f(x_k) \quad \cdots ⓖ$

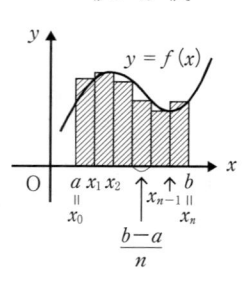

第2章 積分

3. 定積分の基本計算

(1)いろいろな関数を積分してみよう

　定積分と面積の関わりがわかったら、いろいろな関数の面積を求めてみたいところですが、まだ私たちは積分計算にあまり慣れていませんね。

　そこでまず積分の公式をいくつか作っておきます。積分と微分の関係は

　　$(x^2)' = 2x$　のとき、(　)内の式を求めることが積分

　　　　　何を微分したら$2x$になるか
　　$\int 2x\,dx = x^2 + C$
　　　　　　$(x^2)'=2x$だとx^2を予測

でしたね。

　このように考えていろいろな式を積分していきます。

何を微分したらx^nになるか

$$\int x^n dx = \frac{1}{n+1} x^{n+1} + C \cdots ⓐ$$

$\left(\frac{1}{n+1} x^{n+1} \right)' = \frac{1}{n+1} \cdot (n+1) x^n = x^n$

のように $\frac{1}{n+1} x^{n+1}$ を予測

何を微分したら$\frac{1}{x}$になるか

$$\int \frac{1}{x} dx = \log x + C \ (ただし \ x > 0) \ \cdots ⓑ$$

$(\log x)' = \frac{1}{x}$ だったから
$\log x$ を予測

何を微分したら$\frac{1}{x^2}$になるか

$$\int \frac{1}{x^2} dx = -\frac{1}{x} + C \ \cdots ⓒ$$

商の微分によると

$$\left(\frac{1}{x} \right)' = \frac{0 \cdot x - 1 \cdot 1}{x^2} = -\frac{1}{x^2}$$

だから

$$\left(-\frac{1}{x} \right)' = \frac{0 \cdot x + 1 \cdot 1}{x^2} = \frac{1}{x^2}$$

のように見当をつけます

第2章 積分

何を微分すると $\cos x$ になるか

$$\int \cos x\, dx = \sin x + C \quad \cdots \text{ⓓ}$$

   $(\sin x)' = \cos x$ とすぐにわかりますね

何を微分すると $\sin x$ になるか

$$\int \sin x\, dx = -\cos x + C \quad \cdots \text{ⓔ}$$

   $(\cos x)' = -\sin x$
   だから
   $(-\cos x)' = -(-\sin x) = \sin x$

何を微分すると $\dfrac{1}{\cos^2 x}$ になるか

$$\int \frac{1}{\cos^2 x}\, dx = \tan x + C \quad \cdots \text{ⓕ}$$

$$(\tan x)' = \left(\frac{\sin x}{\cos x}\right)'$$

$$= \frac{\cos x \cdot \cos x - \sin x \cdot (-\sin x)}{\cos^2 x}$$

$$= \frac{1}{\cos^2 x} \quad \text{になります。}$$

$$\int e^x dx = e^x + C \quad \cdots \text{ⓖ}$$

このように積分は、常に何を微分したら $\int (\ )dx$ の（ ）内になるだろうかと考えるといいですね。

また、積分の基本性質として
$$\int kf(x)\,dx = k\int f(x)\,dx \quad \cdots \text{ⓗ}$$
$$\int \{f(x) \pm g(x)\}\,dx = \int f(x)\,dx \pm \int g(x)\,dx \cdots \text{ⓘ}$$
が成り立ちます。

この証明はすぐにわかりますよ。
$F'(x) = f(x),\ G'(x) = g(x)\ \cdots①$ とします。
このとき、積分定数Cを省略すると

$$\int f(x)\,dx = F(x),\ \int g(x)\,dx = G(x)\ \cdots②$$

ですね。

すると
$$\{kF(x)\}' = k\{F(x)\}' = kf(x)\ (k\text{は定数})$$

つまり
$$\int kf(x)\,dx = kF(x) = k\int f(x)\,dx \cdots \text{ⓗ}$$
ですね。

また
$$\{F(x) \pm G(x)\}' = F'(x) \pm G'(x)$$
$$= f(x) \pm g(x)$$
ですから

272

$$\int \{f(x) \pm g(x)\} \, dx = F(x) \pm G(x)$$
$$= \int f(x) \, dx \pm \int g(x) \, dx \cdots ⓘ$$

が示されました。

これで基本の積分公式を手に入れることができました。

原則10

(1) $\int x^n dx = \dfrac{1}{n+1} x^{n+1} + C \cdots ⓐ$

(2) $\int \dfrac{1}{x} dx = \log x + C$ （ただし $x > 0$）$\cdots ⓑ$

(3) $\int \dfrac{1}{x^2} dx = -\dfrac{1}{x} + C \cdots ⓒ$

(4) $\int \cos x \, dx = \sin x + C \cdots ⓓ$

(5) $\int \sin x \, dx = -\cos x + C \cdots ⓔ$

(6) $\int \dfrac{1}{\cos^2 x} dx = \tan x + C \cdots ⓕ$

(7) $\int e^x dx = e^x + C \cdots ⓖ$

(8) $\int k f(x) \, dx = k \int f(x) \, dx \cdots ⓗ$

(9) $\int \{f(x) \pm g(x)\} \, dx = \int f(x) \, dx \pm \int g(x) \, dx \cdots ⓘ$

(2)積分のテクニックpart1「部分積分」

　積分の基本公式は手に入れることができましたが、微分の公式がすでに学んだ原則4、原則5、原則7、原則8だけで高校数学の関数をすべて微分できるのに対して、積分計算は原則10の公式だけでは残念ながらすべての関数が積分できるとは限りません。

　高校数学の関数を積分できるようにするためには、2つのテクニックが必要になります。その一つが今からお話しする**部分積分**というテクニックです。

　まず微分の公式を確認しておきます。
　p.150の積の微分の公式原則5 (5)
$$\{f(x)\,g(x)\}' = f'(x)\,g(x) + f(x)\,g'(x) \quad \cdots ⓔ$$
を思い出してもらうと、この式は { } 内の式を微分すると右辺になるのですから、(積分定数Cは省略)
$$\int \{f'(x)\,g(x) + f(x)\,g'(x)\}\,dx$$
$$= f(x)\,g(x)$$
$$\Leftrightarrow \int f'(x)\,g(x)\,dx + \int f(x)\,g'(x)\,dx$$
$$= f(x)\,g(x)$$
と書けますね。

第2章　積分

このとき上の式は次の2つの形に変形できます。

$$\int \underbrace{f'(x)}_{\substack{f(x)に'が\\つくときは}} g(x)\,dx$$

$$= \underbrace{f(x)\,g(x)}_{\text{'をはずして}} - \underbrace{\int f(x)\,g'(x)\,dx}_{g(x)に'をつけて積分} \quad \cdots ①'$$

$$\int f(x)\,\underbrace{g'(x)}_{\substack{g(x)に'が\\つくときは}}\,dx$$

$$= \underbrace{f(x)\,g(x)}_{\text{'をはずして}} - \underbrace{\int f'(x)\,g(x)\,dx}_{f(x)に'をつけて積分} \quad \cdots ①''$$

この式はよく似ていますから ' の位置に気をつけて覚えてください。①' と ①'' の変形による積分の仕方を部分積分法といいます。

どのように使うかを次の具体例で見てみましょう。
(具体例1)

$$\int xe^x dx = \int \overset{(f)}{x}\,\overset{(g')}{e^x}\,dx$$

$$= \overset{(f)}{x}\,\overset{(g)}{e^x} - \int \overset{(f')}{1}\cdot \overset{(g)}{e^x}\,dx$$

275

$$= xe^x - \int e^x dx$$

$$= xe^x - e^x + C$$

（具体例2）
$$\int x\sin x \, dx = \int \overset{(f)}{x}\overset{(g)}{\sin x} \, dx$$

$$= \overset{(f)}{x}(-\cos x) - \int \overset{(f')}{1}\overset{(q)}{(-\cos x)} \, dx$$

$$= -x\cos x + \int \cos x \, dx$$

$$= -x\cos x + \sin x + C$$

ここでちょっと一言。

上の積分は①″を用いていますが、①′を使うと

$$\int x\sin x \, dx = \int \overset{(f')}{x}\overset{(g)}{\sin x} \, dx$$
$$= \overset{(f)}{\frac{x^2}{2}}\sin x - \int \overset{(f)}{\frac{x^2}{2}}\overset{(g')}{\cos x} \, dx$$

のようになってしまい、積分する式が与えられた積分の式よりも複雑になり、うまく積分できません。これは慣れるとすぐに①′を使うか①″を使うかの判断ができるようになるのですが、初めのときは①′を使ってうまくいかないときは①″でやり直せばそれで十分で

す。

では次の具体例の問題 $\int \log x \, dx$ の積分は①'と①''のどちらを使うでしょうか。ただし、このままでは $\int$ のあとの式が $\log x$ だけなので、$\int \log x \, dx = \int 1 \cdot \log x \, dx$ のように見ます。

（具体例 3）
$$\int \log x \, dx = \int \overset{(f')}{1} \overset{(g)}{\log x} \, dx$$
$$= \overset{(f)}{x} \overset{(g)}{\log x} - \int \overset{(f)}{x} \cdot \overset{(g')}{\frac{1}{x}} \, dx$$
$$= x \log x - \int 1 \, dx$$
$$= x \log x - x + C$$

(3) 積分のテクニックpart2「置換積分」

もう一つの積分に必要な重要テクニックは**置換積分**といいます。

今ここに $y = e^{x^2}$ という関数を考えます。
この関数を微分するには p.150 の原則 5

> $y = f(u)$, $u = g(x)$ が共に $f'(u)$, $g'(x)$ をもつとき
> 合成関数 $y = f(g(x))$ の導関数は
>
> (7) $\dfrac{dy}{dx} = \dfrac{dy}{du} \cdot \dfrac{du}{dx} = f'(u) \cdot g'(x)$

を用いればよく、$y = e^{x^2}$ は

$$y = e^{x^2} \cdots ① \Leftrightarrow \begin{cases} y = e^u = f(u) \cdots ② \\ u = x^2 = g(x) \cdots ③ \end{cases}$$

のように②と③の合成関数

$y = f(g(x))$ ⇐ $y = f(u)$ の u に $u = g(x)$ 代入

ですから、①の導関数は

$$\dfrac{dy}{dx} = \dfrac{dy}{du} \cdot \dfrac{du}{dx}$$
$\dfrac{dy}{du} = (e^u)' = e^u$ ⇐ p.207

$$= e^u \cdot 2x$$

$$= e^{x^2} \cdot 2x = 2x\, e^{x^2}$$

です。つまり

$$(e^{x^2})' = 2xe^{x^2} \cdots ④$$

ですね。すると④から

何を微分すると $2xe^{x^2}$ になるか

$$\int 2xe^{x^2}\, dx = (\quad)$$

の（ ）の中は e^{x^2} ですから

$$\int 2xe^{x^2}\, dx = e^{x^2} \cdots ⑤$$

└── 話をかんたんにするため
積分定数 C は省略しました

であることがわかります。

278

第2章 積分

今は初めから $(e^{x^2})'$ を計算して
$\quad (e^{x^2})' = 2xe^{x^2}$ …④より
$\quad \int 2xe^{x^2}\,dx = (\quad)$
にあてはまる（　）内が e^{x^2} であることを知りましたが、
$\quad \int 2xe^{x^2}\,dx$
だけを見て $\int 2xe^{x^2}\,dx = (\quad)$ にあてはまるものは気づきませんね。

そこで積分する式を注意深く見ると
$\quad \int 2xe^{x^2}\,dx$
$\quad = \int \underline{e^{x^2}} \cdot 2x\,dx$
$\qquad\qquad \hookrightarrow$ ここで
$\qquad\qquad y = e^{x^2} \Leftrightarrow \begin{cases} y = e^u = f(u) \\ u = x^2 = g(x) \end{cases}$

$\qquad$ また
$$\frac{du}{dx} = 2x$$
$\qquad$ と気づいて

$\quad = \int e^u \cdot \frac{du}{dx}\,dx \quad (u = x^2)$
$\qquad\;\; \uparrow \quad\;\; \uparrow$
$\qquad\;\, e^{x^2} \cdot 2x$

$\quad = \int e^u \cdot \underline{\frac{du}{dx}\,dx}$

$\quad = \int e^u\,du$

279

$$= e^u + C$$
$$= e^{x^2}$$
↙ $u = x^2$ です

のように⑤の結果を得ることができます。

　ここで p.279 の ～～～ 部ですが、

$$\frac{du}{dx} \text{ は } \frac{du}{dx} = \lim_{\Delta x \to 0} \frac{\Delta u}{\Delta x} \text{の極限計算}$$

であり、

dx は $\int$ とセットにして

$\int 2x dx \Rightarrow 2x$ を x で積分せよ

の意味を表しますから $\frac{du}{dx}$ と dx は異なる意味ですが、p.147 〜 p.148でお話したように形式的に

$$\frac{du}{dx} \cdot dx = du$$

のように考えてもよいのがこの表現のうまいところでした。

　このような考え方をすると
$$\int \sin^4 x \cos x \, dx$$
の積分も計算できます。

　まず $\int \sin^4 x \cos x \, dx$ の式を注意深く見てみましょう。$\sin^4 x$ と $\cos x$ から何か気づくことはありませんか。

$$\int \underbrace{\sin^4 x \cos x}_{\rightarrow y\,=\,\sin^4 x} dx$$
$$= (\sin x)^4 \Leftrightarrow \begin{cases} y = u^4 = f(u) & \cdots ⑥ \\ u = \sin x = g(x) & \cdots ⑦ \end{cases}$$

ですから、$y = \sin^4 x$ は
$$y = \sin^4 x = f(u) = f(g(x)) \quad \cdots ⑧$$
の合成関数で

$$\frac{du}{dx} = \cos x$$

になっている……

$$= \int u^4 \cdot \frac{du}{dx} dx \quad (u = \sin x)$$

$$= \int u^4 \, du$$

$$= \frac{1}{5} u^5 + C \quad \uparrow \left(\frac{1}{5} u^5\right)' = \frac{1}{5} \cdot 5u^4 = u^4 \text{ です}$$

$$= \frac{1}{5} (\sin x)^5 + C$$

$$= \frac{1}{5} \sin^5 x + C$$

のように積分できました。

さて上の
$$\begin{cases} y = u^4 = f(u) \cdots ⑥ \\ u = \sin x = g(x) \cdots ⑦ \end{cases} \Leftrightarrow \begin{aligned} y &= \sin^4 x = (\sin x)^4 \\ &= f(u) = f(g(x)) \cdots ⑧ \end{aligned}$$

に注目すると

$$\int \underbrace{\sin^4 x}\,\boxed{\cos x}\, dx = \int f(g(x)) \cdot \boxed{\dfrac{du}{dx}} dx = \int f(u)\, du$$

$$\dfrac{du}{dx} = \cos x より$$

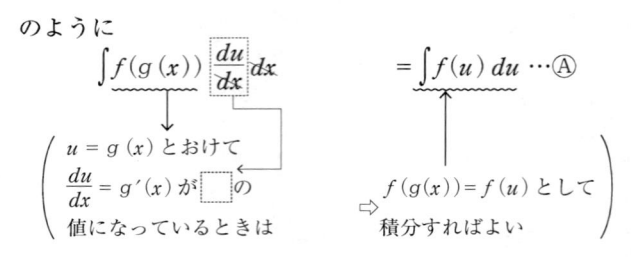

のように

$$\int \underbrace{f(g(x))\,\boxed{\dfrac{du}{dx}}} dx \qquad = \underbrace{\int f(u)\, du} \quad \cdots Ⓐ$$

$$\left(\begin{array}{l} u = g(x) とおいて \\ \dfrac{du}{dx} = g'(x) が \boxed{} の \\ 値になっているときは \end{array} \right) \quad \Rightarrow \begin{array}{l} f(g(x)) = f(u) として \\ 積分すればよい \end{array}$$

Ⓐの形に一般化した積分計算になっています。

最初の例であれば

$\displaystyle\int 2xe^{x^2}\, dx$

$\displaystyle = \int \underbrace{e^{x^2}}\,\boxed{2x}\, dx \qquad = \underbrace{\int f(u)\, du}$

$\displaystyle \phantom{= \int 2xe^{x^2} dx} \qquad\qquad = \int e^u\, du$

$\displaystyle \phantom{= \int 2xe^{x^2} dx} \qquad\qquad = e^u + C$

$\displaystyle \phantom{= \int 2xe^{x^2} dx} \qquad\qquad = e^{x^2} + C$

$$\left(\begin{array}{l} u = g(x) = x^2 とおいて \\ \dfrac{du}{dx} = g'(x) = 2x が \boxed{} \end{array} \right) \quad \Rightarrow \begin{array}{l} e^{x^2} = e^u = f(u) として \\ 積分すればよい \end{array}$$

第2章 積分

次の例であれば

$$\int \underline{\sin^4 x} \,\boxed{\cos x}\, dx \quad = \int f(u)\, du$$

$$\left(\begin{array}{l} u = g(x) = \sin x \text{ とおけて} \\ \dfrac{du}{dx} = g'(x) = \cos x \text{ が } \Box \end{array}\right) \Rightarrow \left(\begin{array}{l} \sin^4 x = (\sin x)^4 = u^4 = f(u) \\ \text{として積分すればよい} \end{array}\right)$$

$$= \int u^4\, du$$

$$= \frac{1}{5} u^5 = \frac{1}{5} \sin^5 x$$

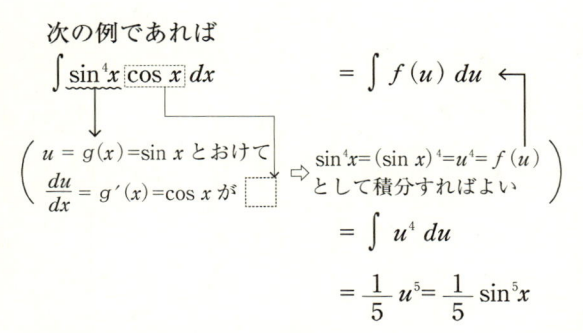

のように見ています。おわかりですか。

このように $u = g(x)$ とおいて考えるのでⒶの積分を置換積分というのです。

Ⓐの方法で1つ練習してみましょう。

$$\int x(x^2+1)^2 dx$$
$$= \int (x^2+1)^2 \,\boxed{x}\, dx$$

$$\left(\begin{array}{l} u = x^2+1 = g(x) \text{ とおくと} \\ (x^2+1)^2 = u^2 = f(u) \text{ で} \\ \dfrac{du}{dx} = g'(x) = 2x \text{ だから } \Box \text{ に近い} \end{array}\right)$$

　　　　　　　　　　　　工夫

$$= \frac{1}{2} \int (x^2+1)^2 \cdot \boxed{2x}\, dx$$

　　　　　　　　これで x

283

$$= \frac{1}{2} \int f(u) \cdot \boxed{\frac{du}{dx}} dx$$

$$= \frac{1}{2} \int f(u) \, du$$

$$= \frac{1}{2} \int u^2 \, du$$

$$= \frac{1}{2} \cdot \frac{1}{3} u^3$$

この積分ならかんたん！

$$= \frac{1}{6}(x^2+1)^3$$

のように計算できます。

　さて、私たちは部分積分法と置換積分法というとても高度なテクニックを2つ手に入れました。そしてこれが皆さんの最後の原則になります。そこで積分に関する原則をもう一度振り返って、さらに原則11として、部分積分法と置換積分法を追加してまとめますね。

第2章 積分

原則9 〈不定積分・定積分と面積〉

面積 $F(x)$ を微分すると曲線 $f(x)$

$F'(x) = f(x)$ …ⓐ

曲線 $f(x)$ を積分すると面積 $F(x)$

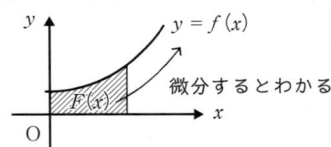

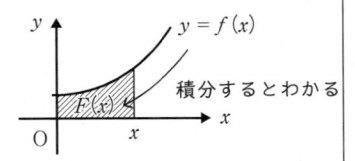

微分するとわかる

積分するとわかる

何を微分すると $f(x)$ になるか

$\int f(x)\,dx = F(x)$ …ⓑ ←微分・積分のイメージ関係

$F(x)$ を予測するのが積分

$\int f(x)\,dx = F(x) + C$ （Cは定数） …ⓒ

$\int_a^b f(x)\,dx = \left[F(x)\right]_a^b = F(b) - F(a)$ …ⓓ

（斜線部分の面積）

$= F(b) - F(a) = \int_a^b f(x)\,dx$ …ⓔ

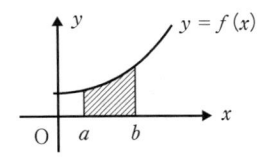

(斜線部分の面積)
$$= F - G = \int_a^b f(x)\,dx - \int_a^b g(x)\,dx \cdots ⓕ$$

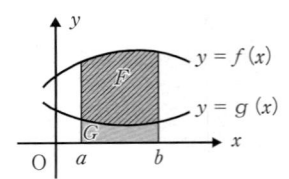

(斜線部分の面積) $= \int_a^b f(x)\,dx = \lim_{n \to \infty} \frac{b-a}{n} \sum_{k=1}^{n} f(x_k) \cdots ⓖ$

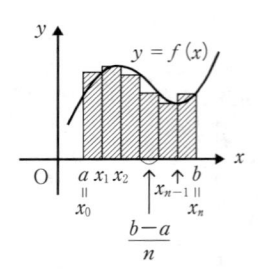

原則10

(1) $\int x^n\,dx = \dfrac{1}{n+1} x^{n+1} + C \cdots ⓐ$

(2) $\int \dfrac{1}{x}\,dx = \log x + C$ （ただし $x > 0$） $\cdots ⓑ$

(3) $\int \dfrac{1}{x^2}\,dx = -\dfrac{1}{x} + C \cdots ⓒ$

(4) $\int \cos x\,dx = \sin x + C \cdots ⓓ$

(5) $\int \sin x\,dx = -\cos x + C \cdots ⓔ$

第2章　積分

(6) $\int \dfrac{1}{\cos^2 x} dx = \tan x + C$ …ⓕ

(7) $\int e^x dx = e^x + C$ …ⓖ

(8) $\int kf(x)\, dx = k\int f(x)\, dx$ …ⓗ

(9) $\int \{f(x) \pm g(x)\}\, dx = \int f(x)\, dx \pm \int g(x)\, dx$ …ⓘ

原則11 〈部分積分法と置換積分法のテクニック〉

(1) 部分積分法

$\underbrace{\int f'(x)}_{f'(x)\,\text{の}} g(x)\, dx = \underbrace{f(x) g(x)}_{\text{'をはずして}} - \int f(x) \underbrace{g'(x)}_{g'(x)\,\text{に}} dx$ …ⓙ′

$\int f(x) \underbrace{g'(x)}_{g'(x)\,\text{の}}\, dx = \underbrace{f(x) g(x)}_{\text{'をはずして}} - \int \underbrace{f'(x)}_{f'(x)\,\text{に}} g(x)\, dx$ …ⓙ″

(2) 置換積分法
$\int f(g(x)) \dfrac{du}{dx}\, dx = \int f(u)\, du$ …ⓚ $(u = g(x))$

　では総まとめとして原則9、原則10、原則11を用いながら、実際に積分計算をやってみましょう。初めての方でもわかりやすいように、計算をできるだけ丁寧に書いておきましたから、ぜひ一緒に手を動かしてみてください。

問題14

次の積分をせよ。

(1) $\int \left(x - \dfrac{5}{x^2}\right) dx$　　(2) $\int_2^3 \dfrac{5-2x}{x^2} dx$　$(x>0)$

(解) (1) $\int \left(x - \dfrac{5}{x^2}\right) dx = \int x\,dx - \int \dfrac{5}{x^2} dx$　　原則10 ⓘ

$\phantom{\int \left(x - \dfrac{5}{x^2}\right) dx} = \int x\,dx + 5 \int \left(-\dfrac{1}{x^2}\right) dx$ ← 原則10 ⓗ

$\phantom{\int \left(x - \dfrac{5}{x^2}\right) dx} = \underbrace{\dfrac{1}{2}x^2}_{\text{原則10 ⓐ}} + 5 \cdot \underbrace{\dfrac{1}{x}}_{\text{原則10 ⓒ}} + C$

(2) $\int_2^3 \dfrac{5-2x}{x^2} dx = \int_2^3 \left(\dfrac{5}{x^2} - \dfrac{2x}{x^2}\right) dx$

$\phantom{\int_2^3 \dfrac{5-2x}{x^2} dx} = \int_2^3 \left(\dfrac{5}{x^2} - \dfrac{2}{x}\right) dx = \int_2^3 \dfrac{5}{x^2} dx - \int_2^3 \dfrac{2}{x} dx$

$\phantom{\int_2^3 \dfrac{5-2x}{x^2} dx} = 5 \int_2^3 \dfrac{1}{x^2} dx - 2 \int_2^3 \dfrac{1}{x} dx$

　　　　　　↓原則10ⓒ　　↓原則10ⓑ

$\phantom{\int_2^3 \dfrac{5-2x}{x^2} dx} = 5\left[-\dfrac{1}{x}\right]_2^3 - 2\left[\log x\right]_2^3$　　原則9 ⓓ

$\phantom{\int_2^3 \dfrac{5-2x}{x^2} dx} = 5\left\{\left(-\dfrac{1}{3}\right) - \left(-\dfrac{1}{2}\right)\right\} - 2(\log 3 - \log 2)$

　　　　　　　　　　　　　　↳ $\log x - \log y = \log \dfrac{x}{y}$ のようにまとめられるのでした

$\phantom{\int_2^3 \dfrac{5-2x}{x^2} dx} = \dfrac{5}{6} - 2\log \dfrac{3}{2}$

第2章 積分

問題15

次の積分を求めよ。

(1) $\int (3\tan x + 2)\cos x \, dx$ (2) $\int_0^{\frac{\pi}{2}} \frac{\cos^2 x}{1+\sin x} \, dx$

(解)

(1) $\int (3\tan x + 2)\cos x \, dx$ $\quad\tan x = \frac{\sin x}{\cos x}$ です

$= \int (3\frac{\sin x}{\cos x} + 2)\cos x \, dx$

$= \int (3\sin x + 2\cos x) \, dx$

$= \int \{-3(-\sin x) + 2\cos x\} \, dx$
　　　原則10ⓔ　　　　　↓原則10ⓓ
$= \quad -3\cos x \quad + 2\sin x \quad + C$

(2) $\int_0^{\frac{\pi}{2}} \frac{\cos^2 x}{1+\sin x} \, dx$

$= \int_0^{\frac{\pi}{2}} \frac{\cos^2 x (1-\sin x)}{(1+\sin x)(1-\sin x)} \, dx$ 分母・分子に$1-\sin x$をかけると何が起こりますか？

$= \int_0^{\frac{\pi}{2}} \frac{\cos^2 x (1-\sin x)}{\cos^2 x} \, dx$ 分母は$1-\sin^2 x$で $\sin^2 x + \cos^2 x = 1$より $1-\sin^2 x = \cos^2 x$

$= \int_0^{\frac{\pi}{2}} (1-\sin x) \, dx$

　　　　　　　　　　原則10ⓔ
$= \left[x + \cos x \right]_0^{\frac{\pi}{2}} \quad = (\frac{\pi}{2} + \cos \frac{\pi}{2}) - (0 + \cos 0)$
　　　　　　　　　　　　　　　　　　↳0　　　　　　↳1

$= \frac{\pi}{2} - 1$

289

【問題16】

次の積分を求めよ。

(1) $\int x\cos x \, dx$　　(2) $\int_1^e x\log x \, dx$

(解)　(1) $\int \overset{(f)}{x}\overset{(g')}{\cos x} \, dx$

原則11①″
$\int f(x)g'(x)\,dx = f(x)g(x) - \int f'(x)g(x)\,dx$

$= \overset{(f)}{x}\overset{(g)}{\sin x} - \int \overset{(f')}{1}\cdot\overset{(g)}{\sin x} \, dx$

原則10ⓔ

$= x\sin x - (-\cos x) + C$

$= x\sin x + \cos x + C$

(2) $\int \overset{(f')}{x}\overset{(g)}{\log x} \, dx$

$= \frac{x^2}{2}\log x - \int \frac{x^2}{2}\cdot\frac{1}{x}\,dx = \frac{x^2}{2}\log x - \frac{1}{2}\int x\,dx$

$= \frac{x^2}{2}\log x - \frac{1}{2}\cdot\frac{1}{2}x^2 + C$

より

$\int_1^e x\log x \, dx = \left[\frac{x^2}{2}\log x - \frac{1}{4}x^2\right]_1^e$

$= \left(\frac{e^2}{2}\underbrace{\log e}_{\log e = 1} - \frac{1}{4}e^2\right) - \left(\frac{1}{2}\underbrace{\log 1}_{\log 1 = 0} - \frac{1}{4}\right)$

$= \frac{e^2}{2} - \frac{1}{4}e^2 + \frac{1}{4} = \frac{e^2+1}{4}$

第 2 章 積分

問題17

次の積分を求めよ。

$$\int_0^{\frac{\pi}{4}} \sin x \cos x \, dx$$

(解) $\int \sin x \cos x \, dx$ 　　原則6
$\qquad\qquad\qquad\qquad\quad$ $\sin 2a = 2\sin a\cos a \cdots$ⓓ より
$= \int \frac{1}{2} \sin 2x \, dx$

$= \frac{1}{2} \int \sin 2x \, dx$

$\longrightarrow$ ここで $y = \sin 2x \Leftrightarrow \begin{cases} y = \sin u = f(u) \\ u = 2x = g(x) \end{cases}$

また $\dfrac{du}{dx} = 2$ として**置換積分**へ

$= \frac{1}{2} \int \frac{1}{2} \sin 2x \cdot 2 dx$

$= \frac{1}{4} \int \sin 2x \cdot 2 \, dx = \frac{1}{4} \int \sin u \cdot \dfrac{du}{dx} dx \quad (u = 2x)$

$\qquad\qquad\qquad\qquad\quad\ \ \uparrow\qquad\ \uparrow$
$= \frac{1}{4} \int \sin u \, du \qquad\qquad \sin 2x\quad 2$

$= \frac{1}{4}(-\cos u) + C = -\frac{1}{4}\cos 2x + C$

より
$\int_0^{\frac{\pi}{4}} \sin x \cos x \, dx = \left[-\frac{1}{4}\cos 2x \right]_0^{\frac{\pi}{4}}$

$\qquad\qquad\qquad\quad = \left(-\frac{1}{4}\cos \frac{\pi}{2} \right) - \left(-\frac{1}{4}\cos 0 \right)$
$\qquad\qquad\qquad\qquad\qquad\ \ \underset{\longrightarrow 0}{\underbrace{\qquad\quad}}\qquad\quad \underset{\longrightarrow 1}{\underbrace{\qquad\ }}$
$\qquad\qquad\qquad\quad = \frac{1}{4}$

いかがでしたか。ゆっくりとやれば初めての方でもしっかりと積分計算ができたのではないでしょうか。

さてここまで長い道のりでしたが、私たちはついに古代・中世の人たちにはできなかった動くものに対する考察の手段をすべて手に入れました。今までの話の流れを整理すると

　　曲線の追跡をするにはどうするか
- ➡ 動くものを関数として捉える
- ➡ 関数をグラフにするには各点における無数の接線を調べる
- ➡ 接線を定義する
- ➡ その点における微分係数(傾き)が知りたい
- ➡ 微分係数を一般化して求める➡導関数
- ➡ 関数を微分して増減表・凹凸表を作る
- ➡ 微分を用いてグラフが考察できた

さらに

曲線が作り出す面積を考えるにはどうするか
- ➡ 積分の定義(1)から面積との関連をつかむ
- ➡ アルキメデスのとりつくし法から積分の定義(2)を考え、極限と面積を結びつける
- ➡ 「積分と微分とは逆演算」に気づく

➡　関数の積分計算を身につける

➡　曲線が作り出す面積が求められる

にたどり着いたのです。

4. 微分と積分の応用として面積を求める

これまでの話から私たちはすでに未知の関数に対してグラフを考察し、その面積まで求めることができるはずです。

そこで実際に今までの知識を総動員して、全く未知の関数、
$$y = (3-x)e^x \quad (x \geq 0)$$
のグラフを調べて、さらにこの曲線とx軸と$x=0$, $x=2$で囲まれた面積まで求めてみましょう。

まず
$$y = (3-x)e^x \cdots ①$$
より
$$y' = (3-x)'e^x + (3-x)(e^x)'$$
　　↑ ── $\{f(x)g(x)\}' = f'(x)g(x) + f(x)g'(x) \cdots ⓔ$
$$= -1e^x + (3-x)e^x$$
　　　　　　↑ ── $(e^x)' = e^x$
$$= \{-1 + (3-x)\}e^x$$
$$= (2-x)e^x \cdots ②$$

です。次にy''を求めると

第2章 積分

$$y'' = (2-x)'e^x + (2-x)(e^x)'$$
$$= -1e^x + (2-x)e^x$$
$$= \{-1+(2-x)\}e^x$$
$$= (1-x)e^x \cdots ③$$

すると $y' = 0$ となるのは

$$(2-x)e^x = 0$$

└── $e^x > 0$ です ⇐

$y = e^x$
（グラフより $y > 0$
∴ $e^x > 0$）

(図208)

$$\therefore 2-x = 0 \text{ より } x = 2$$

また $y'' = 0$ となるのは

$$(1-x)e^x = 0 \quad \therefore x = 1$$

すると

$$y = (3-x)e^x \cdots ①$$
$$y' = (2-x)e^x \cdots ②$$
$$y'' = (1-x)e^x \cdots ③$$

ですから、増減と凹凸を調べると

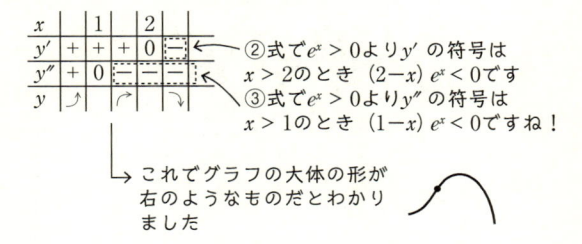

x		1		2	
y'	+	+	+	0	−
y''	+	0	−	−	−
y	↗		⌒		

②式で $e^x > 0$ より y' の符号は
$x > 2$ のとき $(2-x)e^x < 0$ です

③式で $e^x > 0$ より y'' の符号は
$x > 1$ のとき $(1-x)e^x < 0$ ですね！

└→ これでグラフの大体の形が
右のようなものだとわかり
ました

また $x \to \infty$ のとき y 座標の様子は

$$\lim_{x \to \infty} y = \lim_{x \to \infty} \underline{(3-x)e^x} = -\infty$$

$\longrightarrow -\infty \times e^\infty = -\infty$

とわかりますね。

295

さらに

$x = 0$ のとき $y = 3e^0 = 3$

$x = 1$ のとき $y = 2e^1 = 2e$

$x = 2$ のとき $y = 1e^2 = e^2$

ですからグラフは下図のようになります。

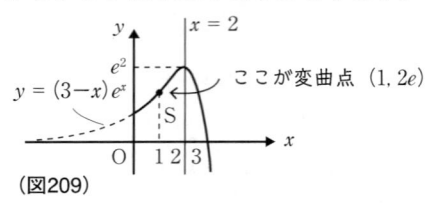

(図209)

どうですか。未知のグラフでもちゃんと書けましたね。

では下の(図210)の影の部分の面積 S を求めてみましょう。

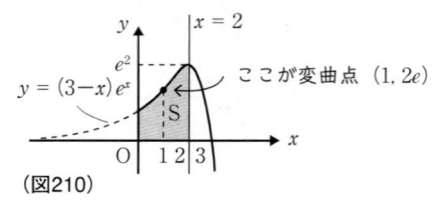

(図210)

$$S = \int_0^2 (3-x)e^x\,dx \quad \Leftarrow 原則9 \quad 公式ⓔ$$

$$= \int_0^2 (3-x)^{(f)} e^{x\,(g')}\,dx$$

$$= \left[(3-x)^{(f)} e^{x\,(g)}\right]_0^2 - \int_0^2 (-1)^{(f')} e^{x\,(g)}\,dx$$

原則11
$\int f(x)g'(x)\,dx$
$= f(x)g(x)$
$- \int f'(x)g(x)\,dx \cdots ①''$

$$= (1e^2 - 3e^0) + \int_0^2 e^x \, dx$$

$$= e^2 - 3 + [e^x]_0^2$$
$$= e^2 - 3 + (e^2 - e^0)$$
$$= e^2 - 3 + e^2 - 1$$
$$= 2e^2 - 4 \quad (答)$$

S = $\int (3-x) e^x \, dx$ の形から原則11の公式①″が使えることを見抜くのは積分練習をくり返せばすぐにできるようになります。

→ 因数分解をくり返し練習したのと同じですね！

では実際に入試問題を2問解いて、今までの知識を総整理してみましょう。数学では手を動かすのが基礎を身につける最善の方法です。

[問題18]

関数 $f(x) = 2\sqrt{x} - x$ について

(1) 増減、凹凸を調べグラフを描け。
(2) $y = f(x)$ と x 軸で囲まれた図形の面積を求めよ。

(解)

(1) $f(x) = 2\sqrt{x} - x$ …①

まず $\sqrt{}$ 内は 0 以上ですから $x \geq 0$ …②

$$f'(x) = 2(\sqrt{x})' - 1$$

$$= 2(x^{\frac{1}{2}})' - 1$$

$$= 2 \cdot \frac{1}{2} x^{-\frac{1}{2}} - 1$$

$$= x^{-\frac{1}{2}} - 1 \quad \cdots ③$$

$\quad \hookrightarrow x^{-\frac{1}{2}} = \dfrac{1}{x^{\frac{1}{2}}} = \dfrac{1}{\sqrt{x}}$

$$= \frac{1}{\sqrt{x}} - 1 = \frac{\sqrt{x}}{x} - 1 = \frac{\sqrt{x} - x}{x}$$

$$= \frac{\sqrt{x}(1 - \sqrt{x})}{x} \quad \cdots ③' \quad (x \neq 0)$$

次に③を x で微分して

$$f''(x) = (x^{-\frac{1}{2}} - 1)' = -\frac{1}{2} x^{-\frac{3}{2}} = -\frac{1}{2} \cdot \frac{1}{x^{\frac{3}{2}}}$$

$$= -\frac{1}{2} \cdot \frac{1}{x^1 \cdot x^{\frac{1}{2}}} = -\frac{1}{2x\sqrt{x}} \quad \cdots ④ \quad (x \neq 0)$$

298

第2章 積分

よって、
$f(x) = 2\sqrt{x} - x \cdots ①$　$(x \geq 0 \cdots ②)$

$f'(x) = \dfrac{1}{\sqrt{x}} - 1 \cdots ③$　$(x \neq 0)$

　　　$= \dfrac{\sqrt{x}(1 - \sqrt{x})}{x} \cdots ③'$　$(x \neq 0)$

$f''(x) = -\dfrac{1}{2x\sqrt{x}} \cdots ④$　$(x \neq 0)$

ですから

$f'(x) = 0$ となるのは③より $x = 1$

のときです。

そこで $f'(x), f''(x)$ の符号を調べ、増減と凹凸の表を作ると次のようになります。

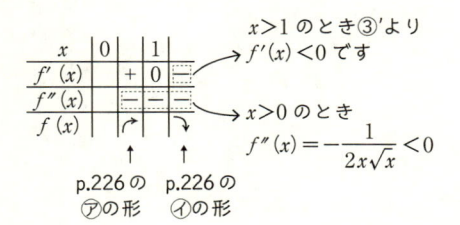

x	0		1	
$f'(x)$		+	0	−
$f''(x)$		−		−
$f(x)$		↗		↘

↑ p.226の⑦の形　　↑ p.226の④の形

$x > 1$ のとき③'より $f'(x) < 0$ です

$x > 0$ のとき $f''(x) = -\dfrac{1}{2x\sqrt{x}} < 0$

また $f(0) = 0,\ f(1) = 1$ ですから、グラフは下のようになります。

$\left(\begin{array}{l} ①より y = 0 となるのは \\ 2\sqrt{x} - x = 0 \\ \quad x = 2\sqrt{x} \\ 2乗して x^2 = 4x \\ \therefore x(x-4) = 0 より x = 0, 4 \end{array} \right)$

(2) 求める面積は下図斜線部です。

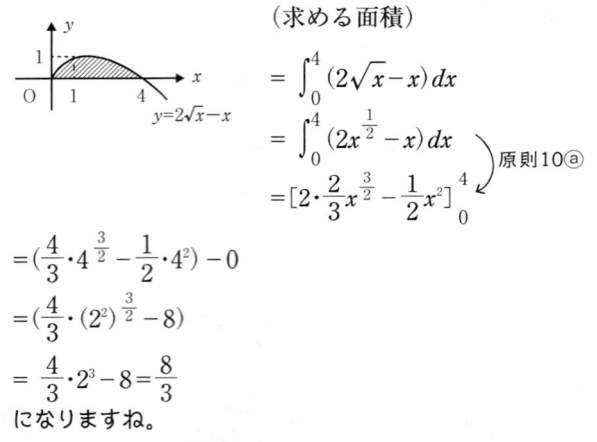

(求める面積)

$$= \int_0^4 (2\sqrt{x} - x)\,dx$$

$$= \int_0^4 (2x^{\frac{1}{2}} - x)\,dx$$

原則10ⓐ

$$= \left[2 \cdot \frac{2}{3}x^{\frac{3}{2}} - \frac{1}{2}x^2\right]_0^4$$

$$= \left(\frac{4}{3} \cdot 4^{\frac{3}{2}} - \frac{1}{2} \cdot 4^2\right) - 0$$

$$= \left(\frac{4}{3} \cdot (2^2)^{\frac{3}{2}} - 8\right)$$

$$= \frac{4}{3} \cdot 2^3 - 8 = \frac{8}{3}$$

になりますね。

どうですか。未知の関数でも基本がしっかりわかっているとグラフも面積も求められますね。

第2章 積分

問題19

関数 $f(x) = x^2 + 2\log x \ (x>0)$ について

(1) 増減、凹凸を調べグラフを描け。
(2) $y=f(x)$ と x 軸、直線 $x=1$、$x=e$ で囲まれた図形の面積を求めよ。

(解)

(1) $f(x) = x^2 + 2\log x \ \cdots ①$

また $x > 0 \ \cdots ②$

$f'(x) = 2x + 2(\log x)'$
$\qquad\qquad\downarrow$原則8
$\qquad = 2x + 2 \cdot \dfrac{1}{x} \ \cdots ③$

$f''(x) = 2 + 2\left(\dfrac{1}{x}\right)'$
$\qquad\qquad\downarrow$原則5①$\left\{\dfrac{f(x)}{g(x)}\right\}' = \dfrac{f'(x)g(x) - f(x)g'(x)}{\{g(x)\}^2}$

$\qquad = 2 + 2 \cdot \dfrac{0 \cdot x - 1 \cdot 1}{x^2}$

$\qquad = 2 + \dfrac{-2}{x^2}$

$\qquad = 2 \cdot \dfrac{x^2 - 1}{x^2}$

$\qquad = 2 \cdot \dfrac{(x+1)(x-1)}{x^2} \ \cdots ④$

301

よって、
$f(x) = x^2 + 2\log x$ …① $(x > 0$ …②$)$
$f'(x) = 2(x + \dfrac{1}{x})$ …③
$f''(x) = \dfrac{2(x+1)(x-1)}{x^2}$ …④

より、$f'(x)$、$f''(x)$ の符号を調べて増減と凹凸の表を作ると次のようになります。

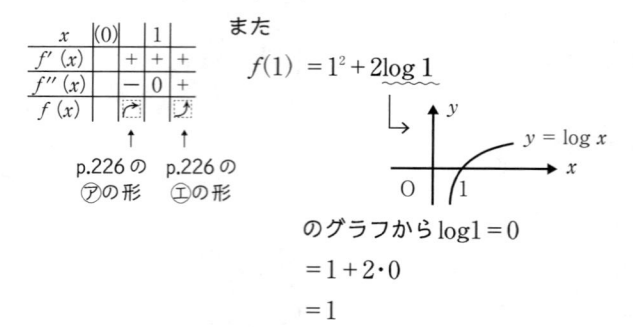

x	(0)		1	
$f'(x)$		$+$	$+$	$+$
$f''(x)$		$-$	0	$+$
$f(x)$		↗		↗

　　　　↑　　　　↑
　　p.226の　　p.226の
　　⑦の形　　　①の形

また
$f(1) = 1^2 + 2\log 1$

$y = \log x$ のグラフから $\log 1 = 0$

$= 1 + 2 \cdot 0$
$= 1$

よって、グラフは下のようになります。

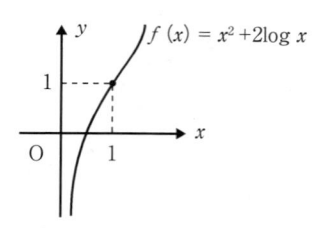

(ここまでは上手にできましたね)

(2) 求める図形の面積は下図の斜線部です。

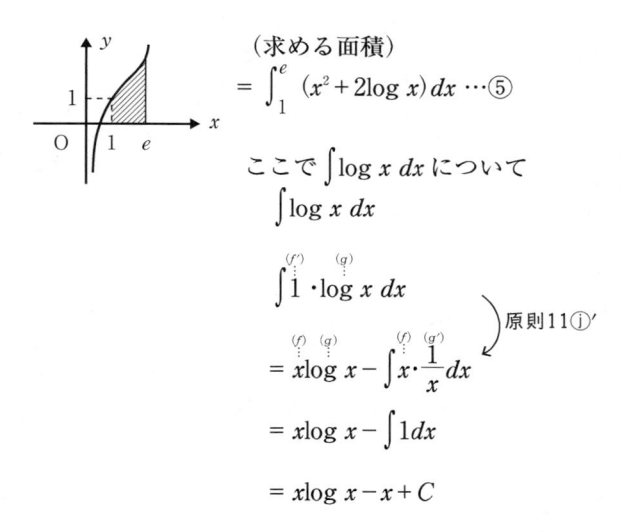

(求める面積)
$$= \int_1^e (x^2 + 2\log x)\,dx \quad \cdots ⑤$$

ここで $\int \log x\,dx$ について

$\int \log x\,dx$

$\int \overset{(f')}{1} \cdot \overset{(g)}{\log x}\,dx$

$= \overset{(f)}{x}\overset{(g)}{\log x} - \int \overset{(f)}{x} \cdot \overset{(g')}{\dfrac{1}{x}}\,dx$ 　原則11①′

$= x\log x - \int 1\,dx$

$= x\log x - x + C$

ですから⑤の積分は

(求める積分)

$= \left[\dfrac{x^3}{3} + 2(x\log x - x)\right]_1^e$

$= \left\{\dfrac{e^3}{3} + 2(e\log e - e)\right\} - \left\{\dfrac{1}{3} + 2(1\cdot \log 1 - 1)\right\}$

　　　　　　　↳ $\log e = 1$ 　　　　　　　↳ $\log 1 = 0$

$= \dfrac{e^3}{3} + \dfrac{5}{3}$

になります。

5. 積分の応用として体積を求める

面積を求める考え方がわかると、全く同様に体積を求める考え方にそれを適用できます。

たとえば、底面の半径が r、高さが h である右図の円錐の体積 V は
$$V = \frac{1}{3}\pi r^2 h$$
でしたが、これを積分で求めてみましょう。

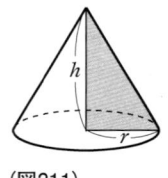

(図211)

この立体は直線 $y = \frac{r}{h}x$, $x = h$, および x 軸で囲まれる図形を x 軸のまわりに1回転することによって得られる立体と同じものですね。

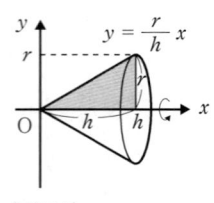

(図212)

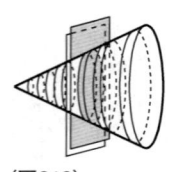

まずこの円錐を回転軸である x 軸に垂直な平面 π で切って、この平面 π を動かすと、立体は薄くスライスされた右図の微小部分の体積が無数に現れますね。

(図213)

304

第2章 積分

　面積のときと同様にこの無数の微小体積を1つひとつ合わせ加えて、求めたい体積が作られていると考えるのです。

　すると(図214)のように区間 $0 \leq x \leq h$ を n 等分したとき、0から k 番目の x 座標は $x_k = \dfrac{kh}{n}$ ですから y 座標は $y = \dfrac{kr}{n}$ になりますね。

$$x_k = \frac{kh}{n} \text{ のとき}(y\text{座標}) = \frac{r}{h} x_k$$
$$= \frac{r}{h} \cdot \frac{kh}{n} = \frac{kr}{n}$$

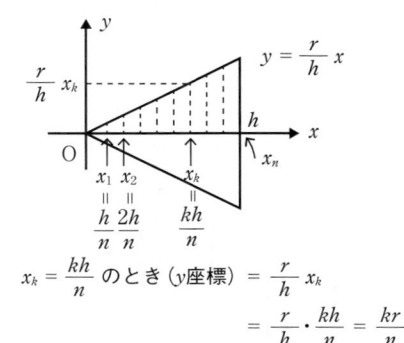

(図214)

　具体的に式を立てていくと、平面 π で立体を切ったときの切り口の面積 $f(x_k)$ は、右図から斜線部分の円の半径が $\dfrac{kr}{n}$ であることから、

$$f(x_k) = \left(\frac{kr}{n}\right)^2 \times \pi$$

(図215)

305

$$= \pi\left(\frac{kr}{n}\right)^2 \cdots ①$$

と表せて、さらに斜線をつけた厚さ $\frac{h}{n}$ の体積は

$$= \pi\left(\frac{kr}{n}\right)^2 \times \frac{h}{n}$$

になります。

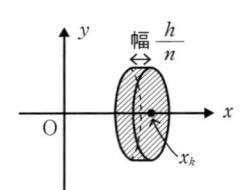

そこで(図 217)の影を付けた円柱全体の体積を V_n とすると

(図216)

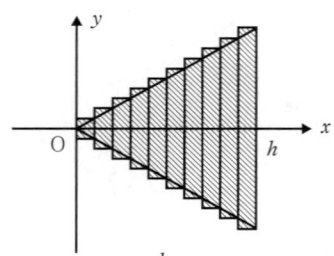

(図217)

厚さ $\frac{h}{n}$ の円柱の集まり

$$V_n = \frac{h}{n}f(x_1) + \frac{h}{n}f(x_2) + \frac{h}{n}f(x_3) + \cdots\cdots$$

$$\cdots\cdots + \frac{h}{n}f(x_{n-1}) + \frac{h}{n}f(x_n)$$

第 2 章　積分

$$= \frac{h}{n} \underbrace{\{f(x_1) + f(x_2) + f(x_3) + \cdots\cdots + f(x_{n-1}) + f(x_n)\}}$$

$$= \frac{h}{n} \sum_{k=1}^{n} f(x_k)$$

〜〜〜部を Σ の記号で表すとこうなるのでした

$$= \frac{h}{n} \sum_{k=1}^{n} \pi \left(\frac{kr}{n}\right)^2 \cdots ②　\Leftarrow ①を f(x_k) に代入$$

になっています。

　ここで n 等分の n を限りなく大きくすると $\frac{h}{n}$ は限りなく 0 に近づいていきますから、（図 217）の影を付けた立体の体積は求めたい円錐の体積（図 218）に近づくことになります。

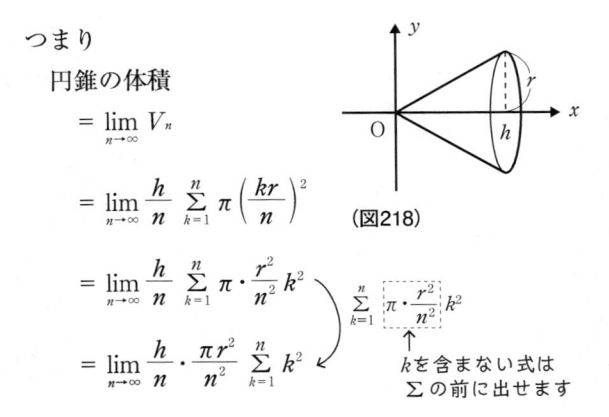

つまり
　円錐の体積

$$= \lim_{n \to \infty} V_n$$

$$= \lim_{n \to \infty} \frac{h}{n} \sum_{k=1}^{n} \pi \left(\frac{kr}{n}\right)^2$$

（図218）

$$= \lim_{n \to \infty} \frac{h}{n} \sum_{k=1}^{n} \pi \cdot \frac{r^2}{n^2} k^2$$

$$= \lim_{n \to \infty} \frac{h}{n} \cdot \frac{\pi r^2}{n^2} \sum_{k=1}^{n} k^2$$

$\sum_{k=1}^{n} \left[\pi \cdot \frac{r^2}{n^2}\right] k^2$
↑
k を含まない式は
Σ の前に出せます

307

$$= \lim_{n \to \infty} \frac{\pi r^2 h}{n^3} \sum_{k=1}^{n} k^2$$

↓ p.259でも使いました！

$$= \lim_{n \to \infty} \frac{\pi r^2 h}{n^3} \cdot \underline{\frac{1}{6} n(n+1)(2n+1)}$$

$$= \lim_{n \to \infty} \pi r^2 h \cdot \frac{1}{6} \cdot \frac{n}{n} \cdot \frac{n+1}{n} \cdot \frac{2n+1}{n}$$

$$= \lim_{n \to \infty} \pi r^2 h \cdot \frac{1}{6} \cdot 1 \cdot \left(1 + \frac{1}{n}\right) \cdot \left(2 + \frac{1}{n}\right)$$

↳ 0に近づきます

$$= \frac{1}{3} \pi r^2 h$$

のようにして、私たちがよく知っている円錐の体積の公式が証明できました。

これを一般化すると次のようになります。

（図219）のようにx軸をとり、$x = a$、$x = b$で軸と直交する平面にはさまれた部分にある立体があるとします。

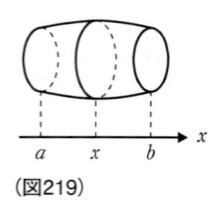

（図219）

x軸の$a \leqq x \leqq b$の部分で、この軸と直交する平面でこの立体を切るとき、その切り口の円の面積はxを用いて関数$f(x)$として表すことができます。

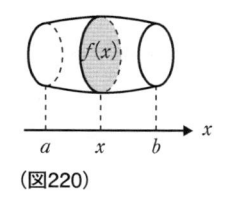

(図220)

区間$a \leqq x \leqq b$をn等分し、その分点でそれぞれx軸に垂直な平面を作ります。そして(図221)のようにk番目の小区間が作る斜線部分の体積を考えます。

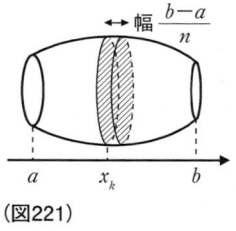

(図221)

aから数えてk番目の点における斜線部分の円の面積を$f(x_k)$とすると幅$\dfrac{b-a}{n}$の円柱の体積は

$$\dfrac{b-a}{n} f(x_k)$$

ですから、これらの微小部分の体積の合計V_nは

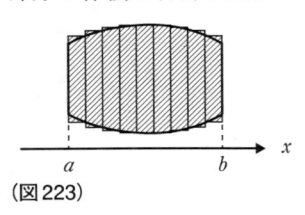

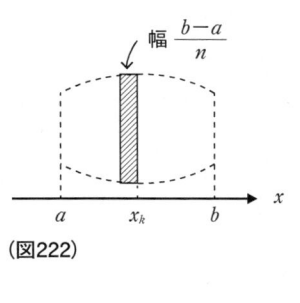

(図222)

(図223)

309

$$V_n = \frac{b-a}{n}f(x_1) + \frac{b-a}{n}f(x_2) + \frac{b-a}{n}f(x_3) + \cdots\cdots$$
$$+ \frac{b-a}{n}f(x_n)$$

$$= \frac{b-a}{n}\{f(x_1) + f(x_2) + f(x_3) + \cdots\cdots + f(x_n)\}$$

$$= \frac{b-a}{n}\sum_{k=1}^{n}f(x_k)$$

〜〜部を Σ で表しました

でしたから、求めたい体積は

$$\lim_{n\to\infty}V_n = \lim_{n\to\infty}\frac{b-a}{n}\sum_{k=1}^{n}f(x_k)$$

原則9の公式⑨です！

$$= \int_a^b f(x)\,dx$$

として求めることができるのです。

これは p.268 で学んだ積分の定義式⑨において、

$f(x)$ が微小部分の y 座標　➡面積

$f(x)$ が微小部分の面積　　➡体積

であるかの違いしかありませんね。

第2章　積分

つまり⑧式

$$\int_a^b f(x)\,dx = \lim_{n \to \infty} \frac{b-a}{n} \sum_{k=1}^{n} f(x_k) \quad \cdots ⑧$$

は面積にも体積にも使える式なのでした。

ではここで実際に球の体積を積分で求めてみましょう。

（具体例）

半径 r の球の体積を考えます。

原点を中心とする半径 r の円の式は

$x^2 + y^2 = r^2$ …①

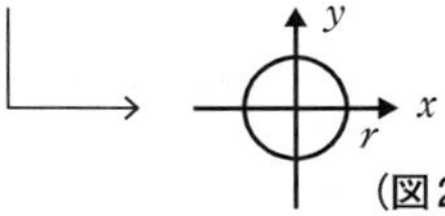

(図224)

でしたね。すると

$y^2 = r^2 - x^2$
$y = \pm\sqrt{r^2 - x^2}$

より、①の円の $y \geq 0$ の部分の式は

$y = \sqrt{r^2 - x^2}$ …②

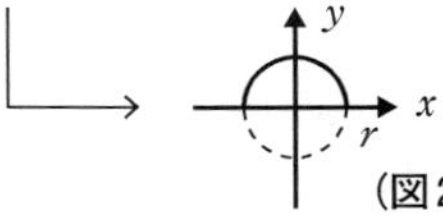

(図225)

です。

半径rの球は、(図226)の区間$-r \leqq x \leqq r$において半円$y = \sqrt{r^2-x^2}$をx軸のまわりに1回転してできる回転体と考えられますから(図227)の斜線部分の面積$f(x)$は

$$f(x) = (\sqrt{r^2-x^2})^2 \pi$$
$$= \pi (r^2-x^2)$$

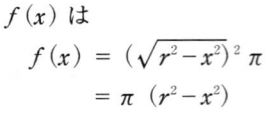

になります。

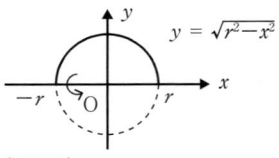

(図226)

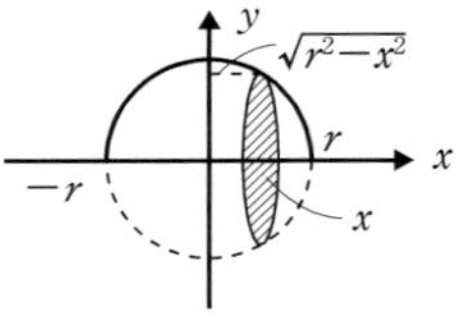

(図227)

すると球の体積Vはp.311の⑧より

$$V = \int_{-r}^{r} f(x)dx$$
$$= \int_{-r}^{r} \pi (r^2-x^2)dx = \pi \int_{-r}^{r} (r^2-x^2)dx$$
$$= \pi \left[r^2x - \frac{x^3}{3} \right]_{-r}^{r}$$
$$= \pi \left\{ \left(r^3 - \frac{r^3}{3} \right) - \left(-r^3 - \frac{-r^3}{3} \right) \right\}$$
$$= \frac{4}{3} \pi r^3$$

となり、私たちが小学生の頃に学んだ球の体積の公式を証明することができました。

第3章
微分と積分は未来の予測

微分の本質は変化・運動を限りなく分割して分析することにありました。微分係数のところでお話ししたように、

$$f'(a) = \lim_{h \to 0} \frac{f(a+h)-f(a)}{h}$$

でしたから、限りなくhを0に近づけるとは微小部分の様子を調べることにほかなりませんね。

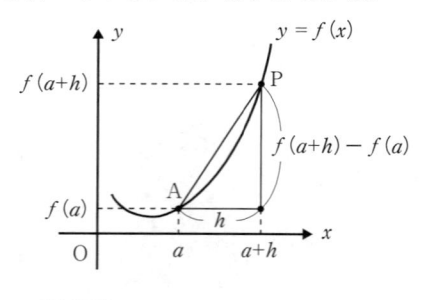

(図228)

　それに対して積分の本質は限りなく分割した$\frac{b-a}{n}$の微小部分に対する長方形の面積を考え、それを集めて極限を考えることで

$$\int_a^b f(x)\,dx = \lim_{n \to \infty} \frac{b-a}{n} \sum_{k=1}^n f(x_k)$$

微小部分をもう一度まとめて統合することです。

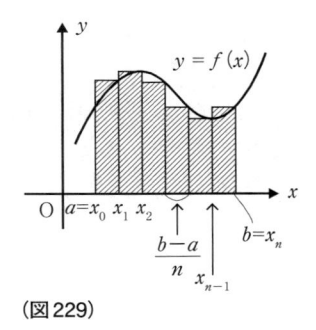

(図229)

　数学史的に見ると、接線法という形で発達した微分と、求積法として発達した定積分とは、初めは別々の流れで研究が進んでいました。そしてそれが実は互いの逆演算になることに気づくことで、微積分は関数としてあらわされる様々な現象を研究する道具としての地位を獲得していきます。

　関数が与えられれば微分係数がわかります。微分係数は(図230)のように、微小変化量の$\Delta x, \Delta y$に対して

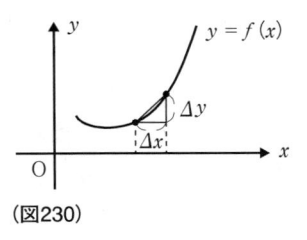

(図230)

$$\lim_{\Delta x \to \infty} \frac{\Delta y}{\Delta x}$$

の極限を考えることでしたが、関数$y = f(x)$のxを時刻、yをその時刻に物体が数直線上に位置する原点

からの距離とすると $\varDelta x$ は微小の時間変化、$\varDelta y$ は微小の移動距離と見ることができますね。

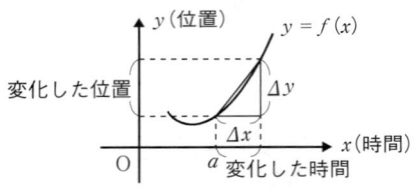

すると $\dfrac{\varDelta y}{\varDelta x}$ は時間に対する移動距離ですから速度を表していて、曲線の傾きを考えることは速度を考えることに対応することがわかります。

図から $\dfrac{\varDelta y}{\varDelta x}$ は

$$\dfrac{\text{ある時間の位置の変化量}}{\text{ある時間の変化量}} = \dfrac{\text{距離}}{\text{時間}} = \text{速度}$$

ですね

(図231)

すると $\varDelta x$ を限りなく 0 に近づけることで時刻 $x = a$ における微分係数はその時点での物体の速度になっていますね。

このように x に時間をとることによって、$y = f(x)$ の導関数 y' も単に傾きでなく、速度という概念に変えることができます。また $f'(x)$ が様々な時刻における速度を与える導関数であるならば、$\int f'(x)\,dx$ は

$$\int f'(x)\,dx = f(x)$$

ですから速度の積分は数直線上の物体の位置に対応するということにも気づきますね。

こうして微分や積分は自然科学の様々な量と変化の研究につながっていくのです。

1. 微分方程式

（1）微分方程式とは何か

　私たちのまわりには、自然現象や社会現象の変化する様子をある関数の導関数を用いた等式で表現されるものがたくさんあります。

　たとえば、物体が自然落下するとき、落ち始めてから x 秒間に落下する距離を y m とすると、時刻 x と距離 y との間には、

$$y = 4.9x^2 \quad \cdots ①$$

の関係があることが実験からわかっています。

　このとき

$$y' = 9.8x \quad \cdots ②$$

ですから、物体が自然落下する様子を導関数を用いて表せていますね。この9.8という数字は皆さんも物理の授業で最初のころにならった重力加速

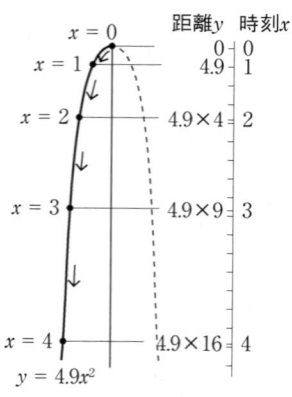

（図232）

度を表すgという定数でしたね。

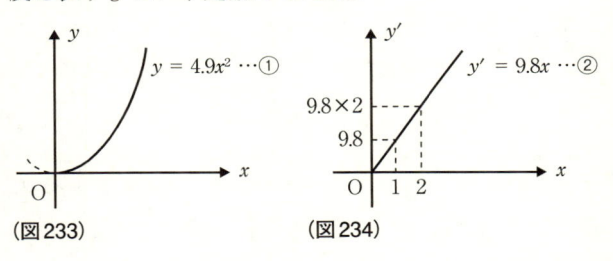

(図233) $y = 4.9x^2$ …①

(図234) $y' = 9.8x$ …②

先ほどほんの少し、y'が速度を表しているというお話をしましたが、②式はxがある時刻を表していましたから、物体が自然落下するときには、(図234)のようにxが1秒ごとに変化するにつれて、落下する速度が9.8m/sずつ増えていくことがわかります。

身近にある自然落下のような自然現象だけでなく、原子核物理学の世界でも変化の様子を導関数を用いた等式で研究します。「原子は物質の根本単位でそれ未満に分割できず、永久不変である」と考えられていた原子ですが、20世紀に入ったころから「原子は物質の根本単位ではなく、原子核が崩壊することによって他の原子核へと変化する」と認識されるようになりました。ラジウムなどの放射性物質は放射線を出して原子核が他の原子核に変化していきます。

その原子核の崩壊の様子は、時刻xにおける原子の量を$y = f(x)$とすると、

$y' = -\lambda y \cdots$ ③

の関係が成り立つことが実験からわかっています。ここでλは原子の種類によって決まっている定数で、原子の崩壊定数と呼ばれています。

社会科学の世界でも研究によって、人口の増加する速度はそのときの人口そのものに比例することがわかっています。これは動植物の場合でも同じです。

時間をx、その時の個体数が$y = f(x)$とすると、

$y' = ky \cdots$ ④

のように比例定数kを用いて表すことができます。kは考えている個体が人間なのか猫なのか犬なのか、またバクテリアのような微生物なのかによってそれぞれ決まる比例定数です。

この②,③,④式のようにyがxの関数で、x, y, y'についての等式のことを微分方程式といいます。

そして$y' = 9.8x \cdots$ ②が与えられれば、みなさんは微分される前の式$y = 4.9x^2 \cdots$ ①を求めるのは容易ですよね。

このように微分方程式から$y = f(x)$の式を求めることを微分方程式を解くというのです。

微分方程式には様々なタイプがあります。みなさんが本屋さんで大学の理工学書が置かれている棚をご覧

になると、分厚い「微分方程式」と書かれた本をたくさん見つけることができます。ある意味で理系の大学生にとっては微分方程式を考えることが最初の勉強であるかもしれません。

（図 235）のようにばねの先におもりがついていて、O で静止しているものとします。

これを少し引き下げて手を放すと、おもりはどのように運動するでしょうか。それは、ある時刻 x におけるばねの位置を y としたとき、y が x のどんな関数になるかがわかればいいですね。

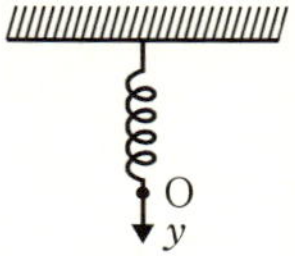

（図235）

結果を先にお話しすると、
$y = A\sin(\omega x + B)$ …⑤
の形の三角関数で表されます。

この式をどのようにして求めるかが問題なわけですが、中学で学ぶばねに関するフックの法則と高校の物理で最初に学ぶニュートンの運動方程式の知識があれば、
$y'' = -\omega^2 y$ …⑥
という微分方程式が皆さんの力でも導けます。
これをみたす $y = f(x)$ を求めることができれば（た

だしこれは高校数学の範囲外です)、それが先ほどの
　　$y = A\sin(\omega x + B)$ …⑤
になり、おもりの位置は時間xに対応して、グラフの
y座標を見ればどの位置にあるかがわかることになり
ますね。

　このように微分方程式を解くことで関数$y = f(x)$
の形がわかり、⑤式でいえば、$x = 5$と時間を代入す
ることで今から5秒後の物体の未来が予測できること
になります。つまり微分方程式を解くことは未来の予
測にほかならないのです。それは先の自然落下の微分
方程式を解くことで物体の位置を予測できますし、ラ
ジウムの将来、動植物の生態系の予測もできることに
つながります。

(2)微分方程式を解いてみよう

　そんな重要な役割を持つ微分方程式ですが、高校数
学では様々な微分方程式の中でほんのいくつかを学ん
でいきます。中学の時に原点を通る2次関数を学びま
したが、高校では原点を通らない様々な2次関数の話
に拡張されましたね。微分方程式も本格的なものは大
学にまかせて、私たちはその考え方の基本だけ学ぼう
というのが高校数学の立場です。

第3章　微分と積分は未来の予測

　先ほど、社会科学の世界でも研究によって、人口の増加する速度はそのときの人口そのものに比例することがわかっていて、これは動植物の場合でも同じであり、時間をx、その時の個体数が$y = f(x)$とすると、
$$y' = ky \cdots ④$$
のように比例定数kを用いて表すことができるとお話ししました。

　そこで実際に④の形の微分方程式を解いて、個体数が時間によるどのような関数で表されるかを解いてみましょう。

　話がわかりやすいように、ちょっと状況を設定してみます。

　今、あるバクテリアが発見されて、個体数を調べていると、その増殖速度が個体数に比例していて、比例定数が$\log 2$だとします。

　ある時間xにおける個体数をyとすると、増殖速度y'について、
$$y' = \log 2 \cdot y \cdots ①$$
が成り立ちますね。
このとき①は
$$\frac{dy}{dx} = \log 2 \cdot y$$
$$\frac{1}{y} \frac{dy}{dx} = \log 2$$

と書けて、両辺を x で積分すると

$$\int \frac{1}{y} \frac{dy}{dx} dx = \int \log 2 \, dx$$

↳ p.279のように約分してもよいものと考えるのでした

$$\int \frac{1}{y} dy = \int \log 2 \, dx \quad \cdots ②$$

のようになります。

ここで p.207 の原則8より

$(\log x)' = \dfrac{1}{x}$ ですから $\int \dfrac{1}{x} dx = \log x + C$

↳ $y = \log x$ はグラフからわかるように $x > 0$ の区間で定義されています
つまり $\log \square$ の □ 部分は必ず正の値が入ります

すると x の正負がわからないときは

$$\int \frac{1}{x} dx = \log|x| + C$$

x は負の値かもしれないので

と表します。

これより

$$\int \frac{1}{y} dy = \int \log 2 \, dx \quad \cdots ②$$

について

第3章　微分と積分は未来の予測

$$\log|y| + C_1 = \log 2 \cdot x + C_2$$
$$\log|y| = x\log 2 + C_3 \quad (C_3 = C_2 - C_1 \text{を計算した定数})$$
$$= \log 2^x + C_3 \underline{\log e}$$

　　　　　　　　　　$\log e = 1$です

$$= \log 2^x + \log e^{C_3}$$

$\log P + \log Q = \log PQ$ です

$$\therefore \underline{\log|y|} = \underline{\log 2^x \cdot e^{C_3}}$$

ここを比べると　わかります

よって　　$|y| = 2^x e^{C_3}$
　　　　　$y = \pm e^{C_3} \cdot 2^x$

改めて $\pm e^{C_3} = C$ とおくと①をみたす x の関数は

$y = C \cdot 2^x$　…③

の形をしていることがわかります。

　仮に時刻 0 におけるバクテリアの個体数が 1 とすると、

$x = 0$, $y = 1$ として

$1 = C \cdot 2^0$　より　$C = 1$

よってこのバクテリアの時間 x による個体数 y は関数

$y = f(x) = 2^x$

で表されることがわかるのです。

　↳つまり $x = 0, 1, 2, 3 \cdots$（秒）と変化すると個体数 y は
　　$y = 1, 2, 4, 8 \cdots$（個）と変化しますから、
　　このバクテリアは1秒で2倍に増えていくのですね♥

2. 未来を予測しよう

2つの例を通して未来を予測してみましょう。

（具体例1）

ある放射性物質が時刻 $x = 0$ において y_0 という放射能の強さをもっていたとします。時刻 x における放射能の強さを y とすると、放射能の強さが減少する速さはそのときの強さ y に比例していて、減少する速さ $\dfrac{dy}{dx}$ は

→ 放射能が強いと、放射能が減少する速度が速く、放射能が弱いと、放射能が減少する速度が遅いということですね

$$\dfrac{dy}{dx} = -ky \quad \cdots ① \quad (k は比例定数で k > 0)$$

であることが実験からわかっているとします。

5年後にこの放射性物質の放射能の強さが $\dfrac{1}{10}y_0$ になったことが確かめられたとして、その強さが $\dfrac{1}{20}y_0$ になるのは何年後か、予測してみます。（ただし、$\log_{10}2 = 0.3010$ とします。）

①より

$$\dfrac{dy}{dx} = -ky \text{ですから} \quad \dfrac{1}{y}\dfrac{dy}{dx} = -k \quad \cdots ②$$

第3章 微分と積分は未来の予測

これを両辺 x で積分すると

$$\int \frac{1}{y} \frac{dy}{dx} dx = \int -k \, dx$$

$$\therefore \int \frac{1}{y} \, dy = \int -k \, dx \quad \cdots ③$$

p.325と同様にして

$$\log|y| + C_1 = -kx + C_2$$
$$\log|y| = -kx + C_3 \quad (C_3 = C_2 - C_1)$$

と書けますから

$$\begin{bmatrix} \log|y| = -kx + C_3 \text{ とは} e \text{ を} \boxed{} \text{乗すると} |y| \text{ つまり} \\ e^{-kx + C_3} = |y| \\ \text{を表すのでした} \end{bmatrix}$$

$$|y| = e^{-kx + C_3}$$
$$= e^{C_3} \cdot e^{-kx}$$
$$y = \pm e^{C_3} \cdot e^{-kx}$$
$$= Ce^{-kx} \quad \cdots ④ \quad (C = \pm e^{C_3})$$

と変形できますね。

ここで $x = 0$ のとき $y = y_0$ でしたから④に代入して

$$y_0 = Ce^{-k \cdot 0} \quad \therefore C = y_0$$

よって④は

$$y = y_0 e^{-kx} \quad \cdots ⑤$$

と書けて、これで y は x の関数で表せました。

↳ ①の微分方程式が解けた♥

次に5年後に強さが $\frac{1}{10} y_0$ になったのですから

$x = 5$, $y = \dfrac{1}{10}y_0$ を⑤に代入すると

$$\dfrac{1}{10}y_0 = y_0 e^{-5k}$$

$$\therefore \dfrac{1}{10} = \dfrac{1}{e^{5k}} \quad \text{より} \quad e^{5k} = 10 \quad \cdots ⑥$$

両辺の対数をとると（底を10でとります。$\log_{10}2 = 0.3010$を使いたいので）

$$\log_{10} e^{5k} = \log_{10} 10$$
$$5k \log_{10} e = 1$$
$$k \log_{10} e = \dfrac{1}{5} \quad \cdots ⑦$$

$\left.\begin{array}{l}\log_a p^m = m \times \log_a p \\ \log_{10} 10 = 1\end{array}\right\}$ です

が成り立ちます。

さあ、あと少しですよ。

x年度に強さが$y = \dfrac{1}{20}y_0$になると考えると、⑤に代入して

$$\dfrac{1}{20}y_0 = y_0 e^{-kx}$$

$$\therefore \dfrac{1}{20} = \dfrac{1}{e^{kx}} \quad \text{より} \quad e^{kx} = 20$$

両辺の対数をとると

$$\log_{10} e^{kx} = \log_{10} 20$$
$$\underbrace{kx \times \log_{10} e}_{k\log_{10}e = \frac{1}{5} \cdots ⑦が使えます} = \log_{10} 2 + \log_{10} 10$$

$\left.\begin{array}{l}\log_a p^m = m \times \log_a p \\ \log_a pq = \log_a p + \log_a q\end{array}\right\}$ でした

$$\dfrac{1}{5}x = 0.3010 + 1 \quad \therefore x = 6.505$$

よって強さ$\dfrac{1}{20}y_0$となるのは約6.5年後だったのです。

今度は図形的な考察に役立つ例を見てみましょう。話がイメージしやすいように状況を設定します。

（具体例2）
今、ある気球Pの動きを調べたいとき、P(x, y)の移動の様子からP(x, y)での接線の傾き $\dfrac{dy}{dx}$ が

$$\frac{dy}{dx} = -\frac{x-1}{y-2} \quad \cdots ①$$

の関係をみたしていることに気づいたとします。

すると①より

$$(y-2)\frac{dy}{dx} = -(x-1)$$

ですから両辺をxで積分すると

$$\int (y-2)\frac{dy}{dx} dx = \int -(x-1) dx$$

$$\int (y-2) dy = -\int (x-1) dx$$

$$\frac{y^2}{2} - 2y + C_1 = -\left(\frac{x^2}{2} - x\right) + C_2$$

$$\underline{x^2 - 2x} + \underline{y^2 - 4y} + 2(C_1 - C_2) = 0$$

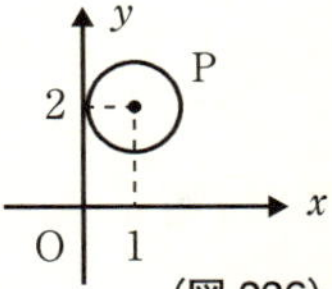

↓　　↙

$$(x-1)^2 - 1 + (y-2)^2 - 4 + 2(C_1 - C_2) = 0$$

$$\therefore (x-1)^2 + (y-2)^2 = C \quad (C = -2C_1 + 2C_2 + 5)$$

（図236）

つまり気球Pは点$(1, 2)$を中心とする半径$\sqrt{C}$の円をえがいていることがわかるのです。

これは非常にかんたんな例ですが、気球を天体に変えると星の軌道も調べられることがわかりますね♥

最後までお読みくださってありがとうございました。

　読んだ感想はいかがだったでしょうか。本書は微積分のイメージを伝えるため、厳密性や表現の正確性を意識的にすこし排除した部分がありますが、微分・積分の本質はむしろより具体的なイメージとして伝えられたのではないかと思います。類書ではなかなか$(\sin x)'$が$\cos x$になる理由や、どうしてe^xのグラフを考える必要があったのかなどの説明は省略されることが多いのですが、みなさんの積極的な学問への意欲を信じて、山本もたくさんのことを欲ばった入門書にしてみました。この本を3回、4回とくり返して読んでいただくうちに、難しかった部分も必ず「あっ、わかった！」と感じるときがきます。

　この本がきっかけになり、皆さんの微積分に対する概念がより一層深まることを心から願っています。

〈原則一覧〉

原則1 〈関数の平行移動〉

$y = f(x) \cdots ⓐ$ をx軸方向に
p平行移動すると
　　$y = f(x-p) \cdots ⓑ$
と表すことができ、
　　$y = f(x-p) \cdots ⓑ$ をy方
向にq平行移動すると
　　$y = f(x-p) + q \cdots ⓒ$
と表せる

原則2 〈2点を通る直線の式〉

$A(a_1, a_2)$、$B(b_1, b_2)$ を通る直線は

傾き $\dfrac{b_2 - a_2}{b_1 - a_1}$

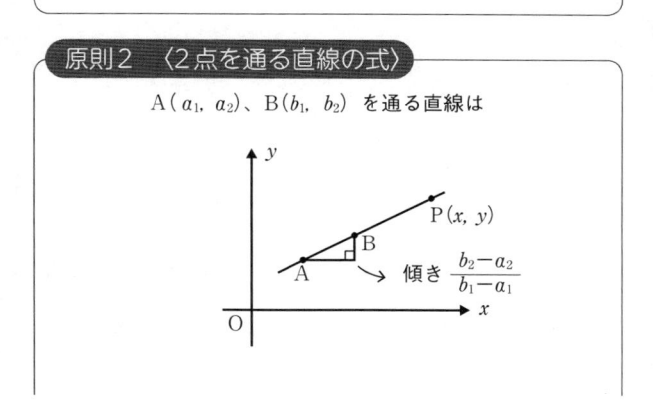

傾き $\dfrac{b_2-a_2}{b_1-a_1}$ とA(a_1, a_2)を用いて

$$y = \underbrace{\dfrac{b_2-a_2}{b_1-a_1}}_{\text{傾き}} (x - a_1) + a_2$$

↗ A(a_1, a_2)の座標

と表せる

原則3 〈微分係数と導関数〉

微分係数 $f'(a)$

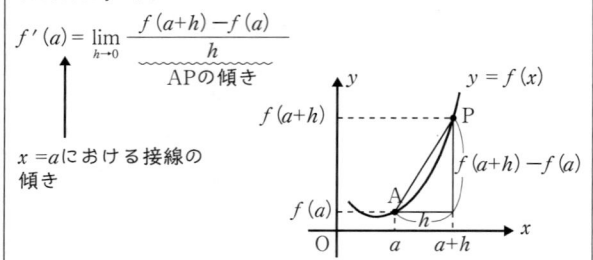

$$f'(a) = \lim_{h \to 0} \underbrace{\dfrac{f(a+h)-f(a)}{h}}_{\text{APの傾き}}$$

↑
$x = a$における接線の傾き

導関数 $f'(x)$

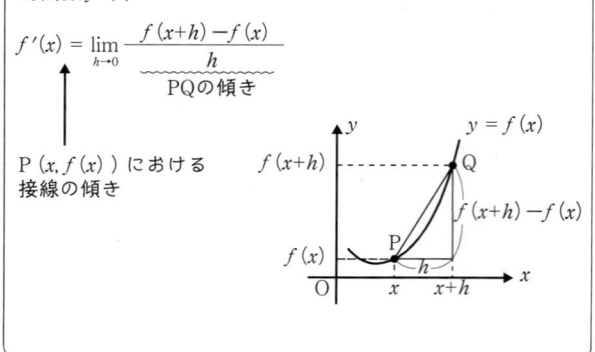

$$f'(x) = \lim_{h \to 0} \underbrace{\dfrac{f(x+h)-f(x)}{h}}_{\text{PQの傾き}}$$

↑
P$(x, f(x))$における接線の傾き

〈原則一覧〉

原則4 〈微分の公式 part 1〉

(1) $(x^n)' = nx^{n-1}$ … ⓐ
(2) $f'(x) = (c)' = 0$ … ⓑ　　(c は定数)
(3) $\{cf(x)\}' = cf'(x)$ … ⓒ　　(c は定数)
(4) $\{f(x) \pm g(x)\}' = f'(x) \pm g'(x)$ … ⓓ

原則5 〈微分の公式 Part 2〉

2つの関数 $f(x)$ と $g(x)$ があって、ともに $f'(x)$ と $g'(x)$ を持つとき、

(5) $\{f(x)g(x)\}' = f'(x)g(x) + f(x)g'(x)$ … ⓔ

(6) $\left\{\dfrac{f(x)}{g(x)}\right\}' = \dfrac{f'(x)g(x) - f(x)g'(x)}{\{g(x)\}^2}$ … ⓕ

$y = f(u)$, $u = g(x)$ がともに $f'(u)$, $g'(x)$ を持つとき、
　合成関数 $y = f(g(x))$ の導関数は

(7) $\dfrac{dy}{dx} = \dfrac{dy}{du} \cdot \dfrac{du}{dx} = f'(u) \cdot g'(x)$ … ⓖ

原則6 〈三角関数の諸公式〉

(1) $\sin\theta = \dfrac{b}{c}$, $\cos\theta = \dfrac{a}{c}$,
　　$\tan\theta = \dfrac{b}{a}$

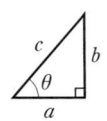

(2) $\sin^2\theta + \cos^2\theta = 1$

$$\tan\theta = \frac{b}{a} = \frac{\frac{b}{c}}{\frac{a}{c}} = \frac{\sin\theta}{\cos\theta}$$

(3) 加法定理

$\sin(\alpha \pm \beta) = \sin\alpha\cos\beta \pm \cos\alpha\sin\beta$ ⋯ⓐ

$\cos(\alpha \pm \beta) = \cos\alpha\cos\beta \mp \sin\alpha\sin\beta$ ⋯ⓑ

$\tan(\alpha \pm \beta) = \dfrac{\tan\alpha \pm \tan\beta}{1 \mp \tan\alpha\tan\beta}$ ⋯ⓒ

(4) 2倍角の公式

$\sin 2\alpha = 2\sin\alpha\cos\alpha$ ⋯ⓓ

$\cos 2\alpha = \cos^2\alpha - \sin^2\alpha$ ⋯ⓔ

$\tan 2\alpha = \dfrac{2\tan\alpha}{1-\tan^2\alpha}$ ⋯ⓕ

(5) 和→積の公式、積→和の公式

$\sin A + \sin B = 2\sin\dfrac{A+B}{2}\cos\dfrac{A-B}{2}$ ⋯ⓖ

$\sin A - \sin B = 2\cos\dfrac{A+B}{2}\sin\dfrac{A-B}{2}$ ⋯ⓗ

$\cos A + \cos B = 2\cos\dfrac{A+B}{2}\sin\dfrac{A-B}{2}$ ⋯ⓘ

$\cos A - \cos B = -2\sin\dfrac{A+B}{2}\sin\dfrac{A-B}{2}$ ⋯ⓙ

$\sin\alpha\cos\beta = \dfrac{1}{2}\left\{\sin(\alpha+\beta) + \sin(\alpha-\beta)\right\}$ ⋯ⓚ

$\cos\alpha\sin\beta = \dfrac{1}{2}\left\{\sin(\alpha+\beta) - \sin(\alpha-\beta)\right\}$ ⋯ⓛ

$\cos\alpha\cos\beta = \dfrac{1}{2}\left\{\cos(\alpha+\beta) + \cos(\alpha-\beta)\right\}$ ⋯ⓜ

$\sin\alpha\sin\beta = -\dfrac{1}{2}\left\{\cos(\alpha+\beta) - \cos(\alpha-\beta)\right\}$ ⋯ⓝ

〈原則一覧〉

(6) 合成の公式

$a\sin\theta + b\cos\theta$

$= \sqrt{a^2+b^2}\sin(\theta + \alpha)$ ...◎

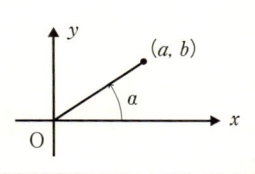

ここで α は右図の角

原則7 〈三角関数の微分〉

$(\sin x)' = \cos x, \quad (\cos x)' = -\sin x$

$(\tan x)' = \dfrac{1}{\cos^2 x}$

原則8 〈指数・対数関数の導関数〉

$(e^x)' = e^x, \quad (\log x)' = \dfrac{1}{x}$

原則9 〈不定積分・定積分と面積〉

面積 $F(x)$ を微分すると曲線 $f(x)$

$F'(x) = f(x)$ ...ⓐ

曲線 $f(x)$ を積分すると面積 $F(x)$

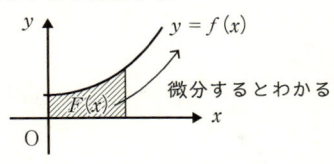

微分するとわかる

積分するとわかる

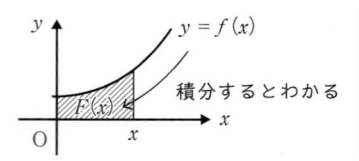

何を微分すると $f(x)$ になるか

$$\int f(x)\,dx = F(x) \quad \cdots ⓑ \quad \text{←微分・積分のイメージ関係}$$

$F(x)$ を予測するのが積分

$$\int f(x)\,dx = F(x) + C \quad (C\text{は定数}) \quad \cdots ⓒ$$

$$\int_a^b f(x)\,dx = [F(x)]_a^b = F(b) - F(a) \quad \cdots ⓓ$$

(斜線部分の面積)

$$= F(b) - F(a) = \int_a^b f(x)\,dx \quad \cdots ⓔ$$

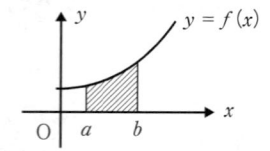

(斜線部分の面積)

$$= F - G = \int_a^b f(x)\,dx - \int_a^b g(x)\,dx \quad \cdots ⓕ$$

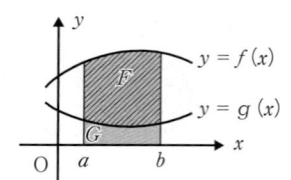

〈原則一覧〉

(斜線部分の面積) $= \int_a^b f(x)\,dx = \lim_{n \to \infty} \dfrac{b-a}{n} \sum_{k=1}^{n} f(x_k)$ …ⓖ

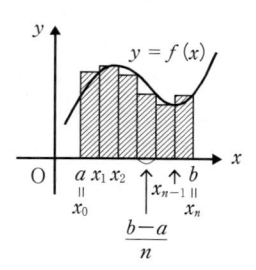

原則10

(1) $\displaystyle\int x^n dx = \dfrac{1}{n+1} x^{n+1} + C$ …ⓐ

(2) $\displaystyle\int \dfrac{1}{x} dx = \log x + C$ （ただし $x > 0$） …ⓑ

(3) $\displaystyle\int \dfrac{1}{x^2} dx = -\dfrac{1}{x} + C$ …ⓒ

(4) $\displaystyle\int \cos x\,dx = \sin x + C$ …ⓓ

(5) $\displaystyle\int \sin x\,dx = -\cos x + C$ …ⓔ

(6) $\displaystyle\int \dfrac{1}{\cos^2 x} dx = \tan x + C$ …ⓕ

(7) $\displaystyle\int e^x dx = e^x + C$ …ⓖ

(8) $\displaystyle\int kf(x)\,dx = k \int f(x)\,dx$ …ⓗ

(9) $\displaystyle\int \{f(x) \pm g(x)\}\,dx = \int f(x)\,dx \pm \int g(x)\,dx$ …ⓘ

原則11 〈部分積分法と置換積分法のテクニック〉

(1) 部分積分法

$$\int \underbrace{f'(x)}_{f'(x)\text{の}} g(x)\,dx = \underbrace{f(x)\,g(x)}_{\text{'をはずして}} - \int \underbrace{f(x)\,g'(x)\,dx}_{g'(x)\text{に}} \cdots ①'$$

$$\int f(x)\underbrace{g'(x)}_{g'(x)\text{の}}\,dx = \underbrace{f(x)\,g(x)}_{\text{'をはずして}} - \int \underbrace{f'(x)\,g(x)\,dx}_{f'(x)\text{に}} \cdots ①''$$

(2) 置換積分法

$$\int f(g(x))\frac{du}{dx}\,dx = \int f(u)\,du \cdots ⓚ \;(u=g(x))$$

山本俊郎[やまもと・としろう]

代々木ゼミナール数学科講師。日本一わかりやすいと絶賛される丁寧な授業を展開、予備校生だけでなく全国の高校生や先生方からも圧倒的な支持と多くのファンを持つ超人気講師。東京都国立市の少人数の教室「国立数英ゼミ」での指導も行なっている。
主な著書に『カリスマ先生の数学』(PHP研究所)、『センター攻略 山本俊郎の数学I・A エッセンシャル34』『センター攻略 山本俊郎の数学II・B エッセンシャル40』(以上、東京書籍)など。

高校生が感動した微分・積分の授業

PHP新書 1002

2015年9月1日 第一版第一刷
2024年8月9日 第一版第五刷

著者───山本俊郎
発行者──永田貴之
発行所──株式会社PHP研究所
東京本部 〒135-8137 江東区豊洲5-6-52
　　　　ビジネス・教養出版部 ☎03-3520-9615(編集)
　　　　普及部 ☎03-3520-9630(販売)
京都本部 〒601-8411 京都市南区西九条北ノ内町11
組版───朝日メディアインターナショナル株式会社
装幀者──芦澤泰偉＋兒崎雅淑
印刷所
製本所　└大日本印刷株式会社

©Yamamoto Toshiro 2015 Printed in Japan
ISBN978-4-569-82592-2

※本書の無断複製(コピー・スキャン・デジタル化等)は著作権法で認められた場合を除き、禁じられています。また、本書を代行業者等に依頼してスキャンやデジタル化することは、いかなる場合でも認められておりません。
※落丁・乱丁本の場合は、弊社制作管理部(☎03-3520-9626)へご連絡ください。送料は弊社負担にて、お取り替えいたします。

PHP新書刊行にあたって

「繁栄を通じて平和と幸福を」(PEACE and HAPPINESS through PROSPERITY)の願いのもと、PHP研究所が創設されて今年で五十周年を迎えます。その歩みは、日本人が先の戦争を乗り越え、並々ならぬ努力を続けて、今日の繁栄を築き上げてきた軌跡に重なります。

しかし、平和で豊かな生活を手にした現在、多くの日本人は、自分が何のために生きているのか、どのように生きていきたいのかを、見失いつつあるように思われます。そして、その間にも、日本国内や世界のみならず地球規模での大きな変化が日々生起し、解決すべき問題となって私たちのもとに押し寄せてきます。

このような時代に人生の確かな価値を見出し、生きる喜びに満ちあふれた社会を実現するために、いま何が求められているのでしょうか。それは、先達が培ってきた知恵を紡ぎ直すこと、その上で自分たち一人一人がおかれた現実と進むべき未来について丹念に考えていくこと以外にはありません。

その営みは、単なる知識に終わらない深い思索へ、そしてよく生きるための哲学への旅でもあります。弊所が創設五十周年を迎えましたのを機に、PHP新書を創刊し、この新たな旅を読者と共に歩んでいきたいと思っています。多くの読者の共感と支援を心よりお願いいたします。

一九九六年十月

PHP研究所

702	プロ野球 最強のベストナイン		小野俊哉
714	野茂英雄		
722	ロバート・ホワイティング[著]／松井みどり[訳]
	長嶋的、野村的		青島健太
771	プロ野球 強すぎるチーム 弱すぎるチーム		小野俊哉
782	エースの資格		江夏 豊
787	理想の野球		野村克也
793	大相撲新世紀 2005-2011		坪内祐三
809	なぜあの時あきらめなかったのか		小松成美
813	やめたくなったら、こう考える		有森裕子
815	考えずに、「頭を使う」		桜庭和志
832	スポーツの世界は学歴社会		齋藤隆志
		橘木俊詔[編]／	
836	阪神の四番		新井貴浩
844	執着心		野村克也
850	伊良部秀輝		団 野村
855	投手論		吉井理人
902	メジャーリーグ 最強のベストナイン		小野俊哉
904	楽天はなぜ強くなれたのか		野村克也
914	意識力		宮本慎也
921	プロ野球vsメジャーリーグ		吉井理人
924	こう観ればサッカーは0-0でも面白い		福西崇史
925	覚悟の決め方		上原浩治

957	どんな球を投げたら打たれないか		金子千尋
975	求心力		平尾誠二
990	セッター思考		竹下佳江

【言語・外国語】

643	白川静さんと遊ぶ 漢字百熟語		小山鉄郎
723	「古文」で身につく、ほんものの日本語		鳥光 宏
767	人を動かす英語		
	ウィリアム・ヴァンス[著]／神田房枝[監訳]
996	にほんご歳時記		山口謠司

【宗教】

123	お葬式をどうするか		ひろさちや
210	仏教の常識がわかる小事典		松濤弘道
300	梅原猛の『歎異抄』入門		梅原 猛
834	日本史のなかのキリスト教		長島総一郎
849	禅が教える人生の答え		枡野俊明
868	あなたのお墓は誰が守るのか		枡野俊明
955	どうせ死ぬのになぜ生きるのか		名越康文

[医療・健康]

- 336 心の病は食事で治す 生田 哲
- 436 高次脳機能障害 橋本圭司
- 498 「まじめ」をやめれば病気にならない 安保 徹
- 499 空腹力 石原結實
- 551 体温力 石原結實
- 552 食べ物を変えれば脳が変わる 生田 哲
- 656 温泉に入ると病気にならない 松田忠徳
- 669 検診で寿命は延びない 岡田正彦
- 685 家族のための介護入門 岡田慎一郎
- 690 合格を勝ち取る睡眠法 遠藤拓郎
- 698 病気にならない脳の習慣 生田 哲
- 712 「がまん」するから老化する 和田秀樹
- 754 「思考の老化」をどう防ぐか 和田秀樹
- 756 老いを遅らせる薬 石浦章一
- 760 「健康食」のウソ 幕内秀夫
- 770 ボケたくなければ、これを食べなさい 白澤卓二
- 773 腹7分目は病気にならない 米山公啓
- 774 知らないと怖い糖尿病の話 宮本正章
- 788 老人性うつ 和田秀樹
- 794 日本の医療 この人を見よ 海堂 尊
- 800 医者になる人に知っておいてほしいこと 渡邊 剛
- 801 老けたくなければファーストフードを食べるな 山岸昌一
- 824 青魚を食べれば病気にならない 生田 哲
- 860 日本の医療 この人が動かす 海堂 尊
- 880 皮膚に聴く からだとこころ 川島 眞
- 894 ネット依存症 樋口 進
- 906 グルコサミンはひざに効かない 山本啓一
- 911 日本の医療 知られざる変革者たち 海堂 尊
- 912 薬は5種類まで 秋下雅弘
- 937 照明を変えれば目がよくなる 結城未来
- 939 10年後も見た目が変わらない食べ方のルール 笠井奈津子
- 947 まさか発達障害だったなんて 星野仁彦／さかもと未明

[スポーツ]

- 147 勝者の思考法 二宮清純
- 431 人は誰もがリーダーである 平尾誠二
- 609 「51歳の左遷」からすべては始まった 川淵三郎
- 634 「優柔決断」のすすめ 古田敦也
- 664 脇役力〈ワキヂカラ〉 田口 壮
- 953 人はなぜ皮膚が無性にかゆくなるのか 菊池 新
- 961 牛乳は子どもによくない 佐藤章夫
- 991 間違いだらけの病院選び 小林修三

673	本番に強い脳と心のつくり方	苫米地英人	899	脳を活かす伝え方、聞き方	茂木健一郎
683	飛行機の操縦	坂井優基	929	人生にとって意味のある勉強法	陰山英男
717	プロアナウンサーの「伝える技術」	石川 顕	933	すぐに使える！頭がいい人の話し方	齋藤 孝
718	必ず覚える！1分間アウトプット勉強法	齋藤 孝	944	日本人が一生使える勉強法	竹田恒泰
728	論理的な伝え方を身につける	内山 力	983	辞書編纂者の、日本語を使いこなす技術	飯間浩明
732	うまく話せなくても生きていく方法				
733	超訳 マキャヴェリの言葉	本郷陽二	**[自然・生命]**		
747	相手に9割しゃべらせる質問術	おちまさと	899	火山はすごい	鎌田浩毅
749	世界を知る力 日本創生編	寺島実郎	208	脳死・臓器移植の本当の話	小松美彦
762	人を動かす対話術	岡田尊司	299	ブレイクスルーの科学者たち	竹内 薫
768	東大に合格する記憶術	宮口公寿	659	どうして時間は「流れる」のか	二間瀬敏史
805	使える！「孫子の兵法」	齋藤 孝	777	次に来る自然災害	鎌田浩毅
810	とっさのひと言で心に刺さるコメント術	おちまさと	797	資源がわかればエネルギー問題が見える	鎌田浩毅
821	30秒で人を動かす話し方	岩田公雄	808	太平洋のレアアース泥が日本を救う	加藤泰浩
835	世界一のサービス	下野隆祥	812	地震予報	串田嘉男
838	瞬間の記憶力	楠木早紀	833	越境する大気汚染	畠山史郎
846	幸福になる「脳の使い方」	茂木健一郎	907	植物は人類最強の相棒である	田中 修
851	いい文章には型がある	吉岡友治	917	数学は世界をこう見る	小島寛之
853	三週間で自分が変わる文字の書き方	菊地克仁	927	クラゲ 世にも美しい浮遊生活 村上龍男／下村 脩	
876	京大理系教授の伝える技術	鎌田浩毅	928	高校生が感動した物理の授業	為近和彦
878	[実践] 小説教室	根本昌夫	940	毒があるのになぜ食べられるのか	船山信次
886	クイズ王の「超効率」勉強法	日髙大介	970		

585	現役力	工藤公康
600	なぜ宇宙人は地球に来ない?	松尾貴史
604	〈他人力〉を使えない上司はいらない!	河合薫
653	筋を通せば道は開ける	齋藤孝
657	駅弁と歴史を楽しむ旅	金谷俊一郎
671	晩節を汚さない生き方	鷲田小彌太
699	采配力	川淵三郎
700	プロ弁護士の処世術	矢部正秋
726	最強の中国占星術	東海林秀樹
736	他人と比べずに生きるには	高田明和
742	みっともない老い方	川北義則
763	気にしない技術	香山リカ
772	人に認められなくてもいい	勢古浩爾
811	悩みを「力」に変える100の言葉	植西聰
814	老いの災厄	鈴木健二
822	あなたのお金はどこに消えた?	本田健
827	直感力	羽生善治
859	みっともないお金の使い方	川北義則
873	死後のプロデュース	金子稚子
885	年金に頼らない生き方	布施克彦
900	相続がふつうの家庭が一番もめる	曽根惠子
930	新版 親ができるのは「ほんの少しばかり」のこと	山田太一

938	東大卒プロゲーマー	ときど
946	残業代がなくなる	海老原嗣生
960	10年たっても色褪せない旅の書き方	嚮田隆史
966	オーシャントラウトと塩昆布	和久田哲也

[知的技術]

003	知性の磨きかた	林望
025	ツキの法則	谷岡一郎
112	大人のための勉強法	和田秀樹
180	伝わる・揺さぶる! 文章を書く	山田ズーニー
203	上達の法則	岡本浩一
305	頭がいい人、悪い人の話し方	樋口裕一
351	頭がいい人、悪い人の〈言い訳〉術	樋口裕一
390	頭がいい人、悪い人の〈口ぐせ〉	樋口裕一
399	ラクして成果が上がる理系的仕事術	鎌田浩毅
404	「場の空気」が読める人、読めない人	福田健
438	プロ弁護士の思考術	矢部正秋
573	1分で大切なことを伝える技術	齋藤孝
605	1分間をムダにしない技術	和田秀樹
626	"口ベタ"でもうまく伝わる話し方	永崎一則
646	世界を知る力	寺島実郎
666	自慢がうまい人ほど成功する	樋口裕一

977	悩まずにはいられない人	加藤諦三
992	高学歴なのになぜ人とうまくいかないのか	加藤俊徳

[文学・芸術]

258	「芸術力」の磨きかた	林 望
343	ドラえもん学	横山泰行
368	ヴァイオリニストの音楽案内	高嶋ちさ子
391	村上春樹の隣には三島由紀夫がいつもいる。	佐藤幹夫
415	本の読み方 スロー・リーディングの実践	平野啓一郎
421	「近代日本文学」の誕生	坪内祐三
497	すべては音楽から生まれる	茂木健一郎
519	團十郎の歌舞伎案内	市川團十郎
578	心と響き合う読書案内	小川洋子
581	ファッションから名画を読む	深井晃子
588	小説の読み方	平野啓一郎
612	身もフタもない日本文学史	清水義範
617	岡本太郎	平野暁臣
623	「モナリザ」の微笑み	布施英利
668	謎解き「アリス物語」 稲木昭子/沖田知子	
707	宇宙にとって人間とは何か	小松左京
731	フランス的クラシック生活 ルネ・マルタン[著]/髙野麻衣[解説]	

781	チャイコフスキーがなぜか好き	亀山郁夫
820	心に訊く音楽、心に効く音楽	高橋幸宏
842	伊熊よし子のおいしい音楽案内	伊熊よし子
843	仲代達矢が語る 日本映画黄金時代	春日太一
905	美	福原義春
913	源静香は野比のび太と結婚するしかなかったのか	中川右介
916	乙女の絵画案内	和田彩花
949	肖像画で読み解くイギリス史	齊藤貴子
951	棒を振る人生	佐渡 裕
959	うるわしき戦後日本 ドナルド・キーン/堤 清二(辻井 喬)[著]	

[人生・エッセイ]

263	養老孟司の〈逆さメガネ〉	養老孟司
340	使える!『徒然草』	齋藤 孝
377	上品な人、下品な人	山﨑武也
411	いい人生の生き方	江口克彦
424	日本人が知らない世界の歩き方	曽野綾子
484	人間関係のしきたり	川北義則
500	おとなの叱り方	和田アキ子
507	頭がよくなるユダヤ人ジョーク集	烏賀陽正弘
575	エピソードで読む松下幸之助 PHP総合研究所[編著]	

974	ナショナリズムをとことん考えてみたら	春香クリスティーン	550	「うつ」になりやすい人	加藤諦三
978	東京劣化	松谷明彦	583	だましの手口	西田公昭
981	世界に嗤われる日本の原発戦略	岩崎明彦	627	音に色が見える世界	岩崎純一
987	量子コンピューターが本当にすごい	竹内 薫[構成]	680	だれとも打ち解けられない人	加藤諦三
994	文系の壁	養老孟司	695	大人のための精神分析入門	妙木浩之
997	無電柱革命	小池百合子/松原隆一郎	697	統合失調症	岡田尊司
			701	絶対に影響力のある言葉	伊東 明
[心理・精神医学]			703	ゲームキャラしか愛せない脳	正高信男
053	カウンセリング心理学入門	國分康孝	724	真面目なのに生きるのが辛い人	加藤諦三
065	社会的ひきこもり	斎藤 環	730	記憶の整理術	榎本博明
103	生きていくことの意味	諸富祥彦	796	老後のイライラを捨てる技術	保坂 隆
111	「うつ」を治す	大野 裕	799	動物に「うつ」はあるのか	加藤忠史
171	学ぶ意欲の心理学	市川伸一	803	困難を乗り越える力	蝦名玲子
196	〈自己愛〉と〈依存〉の精神分析	和田秀樹	825	事故がなくならない理由	芳賀 繁
304	パーソナリティ障害	岡田尊司	862	働く人のための精神医学	岡田尊司
364	子どもの「心の病」を知る	岡田尊司	867	「自分はこんなもんじゃない」の心理	榎本博明
381	言いたいことが言えない人	加藤諦三	895	他人を攻撃せずにはいられない人	片田珠美
453	だれにでも「いい顔」をしてしまう人	加藤諦三	910	がんばっているのに愛されない人	加藤諦三
487	なぜ自信が持てないのか	根本橘夫	918	「うつ」だと感じたら他人に甘えなさい	和田秀樹
534	「私はうつ」と言いたがる人たち	香山リカ	942	話が長くなるお年寄りには理由がある	増井幸恵
			952	プライドが高くて迷惑な人	片田珠美
			956	最新版 「うつ」を治す	大野 裕

769 学者になるか、起業家になるか 城戸淳二/坂本桂一
780 幸せな小国オランダの智慧 紺野登
783 原発「危険神話」の崩壊 池田信夫
786 新聞・テレビはなぜ平気で「ウソ」をつくのか 上杉隆
789 「勉強しろ」と言わずに子供を勉強させる言葉 小林公夫
792 「日本」を捨てよ 苫米地英人
798 日本人の美徳を育てた「修身」の教科書 金谷俊一郎
816 なぜ風が吹くと電車は止まるのか 梅原淳
817 迷い婚と悟り婚 島田雅彦
819 日本のリアル 養老孟司
823 となりの闇社会 一橋文哉
828 ハッカーの手口 岡嶋裕史
829 頼れない国でどう生きようか 加藤嘉一/古市憲寿
830 感情労働シンドローム 岸本裕紀子
831 原発難民 烏賀陽弘道
839 50歳からの孤独と結婚 金澤匠
840 日本の怖い数字 佐藤拓
847 子どもの問題 いかに解決するか 岡田尊司/魚住絹代
854 女子校力 杉浦由美子
857 大津中2いじめ自殺 共同通信大阪社会部
858 中学受験に失敗しない 高濱正伸

866 40歳以上はもういらない 田原総一朗
869 若者の取扱説明書 齋藤孝
870 しなやかな仕事術 林文子
872 この国はなぜ被害者を守らないのか 川田龍平
875 コンクリート崩壊 溝渕利明
879 原発の正しい「やめさせ方」 石川和男
883 子供のための苦手科目克服法 小林公夫
888 日本人はいつ日本が好きになったのか 竹田恒泰
896 著作権法がソーシャルメディアを殺す 城所岩生
897 生活保護vs子どもの貧困 大山典宏
909 じつは「おもてなし」がなっていない日本のホテル 桐山秀樹
915 覚えるだけの勉強をやめれば劇的に頭がよくなる 小川仁志
919 ウェブとはすなわち現実世界の未来図である 小林弘人
923 世界「比較貧困学」入門 石井光太
935 絶望のテレビ報道 安倍宏行
941 ゆとり世代の愛国心 税所篤快
950 僕たちは就職しなくてもいいのかもしれない 岡田斗司夫FREEex
962 英語もできないノースキルの文系は これからどうすべきか 大石哲之
963 エボラvs人類 終わりなき戦い 岡田晴恵
969 進化する中国系犯罪集団 一橋文哉

- 324 わが子を名門小学校に入れる法　清水克彦/和田秀樹
- 335 NPOという生き方　島田 恒
- 380 貧乏クジ世代　香山リカ
- 389 効果10倍の〈教える〉技術　吉田新一郎
- 396 われら戦後世代の「坂の上の雲」　寺島実郎
- 418 女性の品格　坂東眞理子
- 495 親の品格　坂東眞理子
- 504 生活保護 vs ワーキングプア　大山典宏
- 515 バカ親、バカ教師にもほどがある　藤原和博/聞き手:川端裕人
- 522 プロ法律家のクレーマー対応術　横山雅文
- 537 ネットいじめ　荻上チキ
- 546 本質を見抜く力──環境・食料・エネルギー　養老孟司/竹村公太郎
- 558 若者が3年で辞めない会社の法則　本田有明
- 561 日本人はなぜ環境問題にだまされるのか　武田邦彦
- 569 高齢者医療難民　吉岡 充/村上正泰
- 570 地球の目線　竹村真一
- 577 読まない力　養老孟司
- 586 理系バカと文系バカ　竹内 薫[著]/嵯峨野功一[構成]
- 602 「勉強しろ」と言わずに子供を勉強させる法　小林公夫
- 618 世界一幸福な国デンマークの暮らし方　千葉忠夫

- 621 コミュニケーション力を引き出す　平田オリザ/蓮行
- 629 テレビは見てはいけない　苫米地英人
- 632 あの演説はなぜ人を動かしたのか　川上徹也
- 633 医療崩壊の真犯人　村上正泰
- 641 マグネシウム文明論　矢部 孝/山路達也
- 642 数字のウソを見破る　中原英臣
- 648 7割は課長にさえなれません　城 繁幸
- 651 平気で冤罪をつくる人たち　井上 薫
- 675 中学受験に合格する子の親がしていること　小林公夫
- 678 世代間格差ってなんだ　城 繁幸/小黒一正
- 681 スウェーデンはなぜ強いのか　北岡孝義
- 692 女性の幸福[仕事編]　坂東眞理子
- 694 就活のしきたり　石渡嶺司
- 706 日本はスウェーデンになるべきか　高岡 望
- 720 格差と貧困のないデンマーク　千葉忠夫
- 739 20代からはじめる社会貢献　小暮真久
- 741 本物の医師になれる人、なれない人　小林公夫
- 751 日本人として読んでおきたい保守の名著　潮 匡人
- 753 日本人の心はなぜ強かったのか　齋藤 孝
- 764 地産地消のエネルギー革命　黒岩祐治
- 766 やすらかな死を迎えるためにしておくべきこと　大野竜三

848 院政とは何だったか 岡野友彦
864 京都奇才物語 丘眞奈美
865 徳川某重大事件 徳川宗英
903 アジアを救った近代日本史講義 渡辺利夫
922 木材・石炭・シェールガス 石井彰
943 科学者が読み解く日本建国史 中田力
968 古代史の謎は「海路」で解ける 長野正孝

[地理・文化]
264 「国民の祝日」の由来がわかる小事典 所功
332 ほんとうは日本に憧れる中国人 王敏
465・466 [決定版]京都の寺社505を歩く(上・下) 山折哲雄
592 日本の曖昧力 山折哲雄/槇野修
635 ハーフはなぜ才能を発揮するのか 山下真弥
639 世界カワイイ革命 櫻井孝昌
650 奈良の寺社150を歩く 山折哲雄/槇野修
670 発酵食品の魔法の力 小泉武夫/石毛直道 [編著]
684 望郷酒場を行く 森まゆみ
696 サツマイモと日本人 伊藤章治
705 日本はなぜ世界でいちばん人気があるのか 竹田恒泰
744 天空の帝国インカ 山本紀夫

757 江戸東京の寺社609を歩く 下町・東郊編 山折哲雄/槇野修
758 江戸東京の寺社609を歩く 山の手・西郊編 山折哲雄/槇野修
765 世界の常識 vs 日本のことわざ 槇野修
779 東京はなぜ世界一の都市なのか 鈴木伸子
804 日本人の数え方がわかる小事典 飯倉晴武
845 鎌倉の寺社122を歩く 山折哲雄/槇野修
877 日本が好きすぎる中国人女子 櫻井孝昌
889 京都早起き案内 麻生圭子
890 反日・愛国の由来 呉善花
934 世界遺産にされて富士山は泣いている 野口健
936 山折哲雄の新・四国遍路 山折哲雄
948 新・世界三大料理 神山典士[著]/中村勝宏、山本豊、辻芳樹[監修]
971 中国人はつらいよ——その悲惨と悦楽 大木康

[社会・教育]
117 社会的ジレンマ 山岸俊男
134 社会起業家「よい社会」をつくる人たち 町田洋次
141 無責任の構造 岡本浩一
175 環境問題とは何か 富山和子

520	世をつくった八大聖人	一条真也	
555	哲学は人生の役に立つのか	木田 元	
596	日本を創った思想家たち	鷲田小彌太	
614	やっぱり、人はわかりあえない	中島義道／小浜逸郎	
658	オッサンになる人、ならない人	富増章成	
682	「肩の荷」をおろして生きる	上田紀行	
721	人生をやり直すための哲学	小川仁志	
733	吉本隆明と柄谷行人	合田正人	
785	中村天風と「六然訓」	合田周平	
856	現代語訳 西国立志編 中村正直[訳]／サミュエル・スマイルズ[著]		
884	田辺元とハイデガー	合田正人	
976	もてるための哲学	小川仁志	

[歴史]

005・006	日本を創った12人(前・後編)	堺屋太一	
061	なぜ国家は衰亡するのか	中西輝政	
146	地名で読む江戸の町	大石 学	
286	歴史学ってなんだ?	小田中直樹	
384	戦国大名 県別国盗り物語	八幡和郎	
446	戦国時代の大誤解	鈴木眞哉	
449	龍馬暗殺の謎	木村幸比古	
505	旧皇族が語る天皇の日本史	竹田恒泰	
591	対論・異色昭和史	鶴見俊輔／上坂冬子	
647	器量と人望 西郷隆盛という磁力	立元幸治	
660	その時、歴史は動かなかった!?	鈴木眞哉	
663	日本人として知っておきたい近代史(明治篇)	中西輝政	
677	イケメン幕末史	小日向えり	
679	四字熟語で愉しむ中国史	塚本青史	
704	坂本龍馬と北海道	原口 泉	
725	蒋介石が愛した日本	関 榮次	
734	謎解き「張作霖爆殺事件」	加藤康男	
738	アメリカが畏怖した日本	渡部昇一	
740	戦国時代の計略大全	鈴木眞哉	
743	日本人はなぜ震災にへこたれないのか	関 裕二	
748	詳説〈統帥綱領〉	柘植久慶	
755	日本人はなぜ日本のことを知らないのか	竹田恒泰	
759	大いなる謎 平清盛	川口素生	
761	真田三代	平山 優	
776	はじめてのノモンハン事件	森山康平	
784	日本古代史を科学する	中田 力	
791	『古事記』と壬申の乱	関 裕二	
802	後白河上皇「絵巻物」の力で武士に勝った帝	小林泰三	
837	八重と会津落城	星 亮一	

[政治・外交]

- 318・319 憲法で読むアメリカ史（上・下） 阿川尚之
- 326 イギリスの情報外交 小谷賢
- 326 歴代総理の通信簿 八幡和郎
- 413 日本人としてこれだけは知っておきたいこと 中西輝政
- 426 地方議員 佐々木信夫
- 631 誰も書けなかった国会議員の話 川田龍平
- 644 アメリカが日本を捨てるとき 古森義久
- 667 アメリカ・イラン開戦前夜 宮田律
- 686 真の保守とは何か 岡崎久彦
- 688 国家の存亡 関岡英之
- 729 官僚の責任 古賀茂明
- 745 ほんとうは強い日本 田母神俊雄
- 746 防衛戦略とは何か 田母神俊雄
- 795 ほんとうは危ない日本 田母神俊雄
- 807 迫りくる日中冷戦の時代 中西輝政
- 826 日本の「情報と外交」 孫崎享
- 841 憲法問題 伊藤真
- 874 官房長官を見れば政権の実力がわかる 菊池正史
- 881 利権の復活 古賀茂明
- 891 語られざる中国の結末 宮家邦彦
- 893 なぜ中国から離れると日本はうまくいくのか 石平
- 898

- 920 テレビが伝えない憲法の話 木村草太
- 931 中国の大問題 丹羽宇一郎
- 954 哀しき半島国家 韓国の結末 宮家邦彦
- 964 中国外交の大失敗 中西輝政
- 965 アメリカはイスラム国に勝てない 宮田律
- 967 新・台湾の主張 李登輝
- 972 安倍政権は本当に強いのか 御厨貴
- 979 なぜ中国は覇権の妄想をやめられないのか 石平
- 982 戦後リベラルの終焉 池田信夫
- 986 こんなに脆い中国共産党 日暮高則
- 988 従属国家論 佐伯啓思
- 989 東アジアの軍事情勢はこれからどうなるのか 能勢伸之
- 993 中国は腹の底で日本をどう思っているのか 富坂聰
- 999 国を守る責任 折木良一

[思想・哲学]

- 032 〈対話〉のない社会 中島義道
- 058 悲鳴をあげる身体 鷲田清一
- 083 「弱者」とはだれか 小浜逸郎
- 086 脳死・クローン・遺伝子治療 加藤尚武
- 223 不幸論 中島義道
- 468 「人間嫌い」のルール 中島義道

PHP新書

[経済・経営]

- 078 アダム・スミスの誤算 佐伯啓思
- 079 ケインズの予言 佐伯啓思
- 187 働くひとのためのキャリア・デザイン 金井壽宏
- 379 なぜトヨタは人を育てるのがうまいのか 若松義人
- 450 なぜトヨタの上司は現場で仕事を伝えているのか 若松義人
- 526 トヨタの社員は机で仕事をしない 若松義人
- 543 ハイエク 知識社会の自由主義 池田信夫
- 587 微分・積分を知らずに経営を語るな 内山 力
- 594 新しい資本主義 原 丈人
- 603 凡人が一流になるルール 齋藤 孝
- 620 自分らしいキャリアのつくり方 高橋俊介
- 645 型破りのコーチング 平尾誠二／金井壽宏
- 710 お金の流れが変わった! 大前研一
- 750 大災害の経済学 林 敏彦
- 752 日本企業にいま大切なこと 野中郁次郎／遠藤 功
- 775 なぜ韓国企業は世界で勝てるのか 金 美徳
- 778 課長になれない人の特徴 内山 力
- 790 一生食べられる働き方 村上憲郎
- 806 一億人に伝えたい働き方 鶴岡弘之
- 818 若者、バカ者、よそ者 真壁昭夫
- 852 ドラッカーとオーケストラの組織論 山岸淳子
- 863 預けたお金が紙くずになる 津田倫男
- 871 確率を知らずに計画を立てるな 内山 力
- 882 成長戦略のまやかし 小幡 績
- 887 そして日本経済が世界の希望になる ポール・クルーグマン[著]／山形浩生[監修・解説]
- 892 知の最先端 クレイトン・クリステンセンほか[著]／大野和基[インタビュー・編]
- 901 ホワイト企業 高橋俊介
- 908 インフレどころか世界はデフレで蘇る 中原圭介
- 926 抗がん剤が効く人、効かない人 長尾和宏
- 932 なぜローカル経済から日本は甦るのか 冨山和彦
- 958 ケインズの逆襲、ハイエクの慧眼 松尾 匡
- 973 ネオアベノミクスの論点 若田部昌澄
- 980 三越伊勢丹 ブランド力の神髄 大西 洋
- 984 逆流するグローバリズム 竹森俊平
- 985 新しいグローバルビジネスの教科書 山田英二
- 998 超インフラ論 藤井 聡

📘 長編時代シリーズ

ノン・ノベル（新書判）

コチトンボキの値間素生 上総幡枝圭	長編維代伝小説 書下ろし 北炎の地圧受だえこの演奏に運焼続人! 奇怪な運転事件の中で恭姫見えた闇

四六判

| ルック・バック・イン・アンガー 樋口紫朗 | この編画、この驚力、この迫情!!
「怒楽の祭」の住人に挑げる物題 |
| 魂の奉行 樋口 卓 | 悪政を正す目前のために奮闘する
屬応と江戸ばなれた書生子 |

📕 捕物控新シリーズ

ノン・ノベル（新書判）

ダーゲーン 景浜依介	長編六部 事件簿、この濃縮する白蓮のソババ! サスペンス濃縮の知的ゲームが開始
京都勝馬場狼人事件 水谷流人	長編維代小説 書下ろし 嘱託アリバイ内の完事件が浮上繋展! 宮名屋敷馬、着密の事件に疑問!
狂宴田サダン 赤神淘右	蠟燭港市クルーズ 三人の天皇聖家からうちイドキに!? 結婚一本で恋愛実始す素敵対話
九州新線鐵マイナス1 西村京太郎	長編維代小説 十津川警部と着う重大事件の難局! 走る要害、からみあうなぞの謎に!

四六判

| ほうなならば 冴子だえ子のお店の袋 | 祭殿するシラ様え、ゴロとうまれ
かねこの強がりから掛かれた恋 |

NON NOVEL

NON・NOVEL
昭和四十一年十月刊

長編超伝奇小説 ゴルゴダのオベリスクの魔神密教

NON・NOVEL―1003

平成24年12月10日 初版第1刷発行

著者 菊地 秀行
きくち ひでゆき

発行者 栗 原 和 子

発行所 祥 伝 社
〒101―8701
東京都千代田区神田神保町3-3
☎03(3265)2081(編集部)
☎03(3265)2080(購読者係)
☎03(3265)3622(業務部)

印刷 錦 明 印 刷
製本 積 信 堂

ISBN978-4-396-21003-8 C0293
Printed in Japan
祥伝社のホームページ・http://www.shodensha.co.jp/
© Koubei Kadono, 2012

本書の無断複写は著作権法上での例外を除き禁じられています。また、代行業者など購入者以外の第三者による電子データ化及び電子書籍化は、たとえ個人や家庭内での利用でも著作権法違反です。
造本には十分注意しておりますが、万一、落丁・乱丁などの不良品がありましたら、「業務部」あてにお送り下さい。送料小社負担にてお取り替えいたします。ただし、古書店で購入されたものについてはお取り替え出来ません。